FORSCHUNGSBERICHT DES LANDES NORDRHEIN-WESTFALEN

Nr. 2687/Fachgruppe Maschinenbau/Verfahrenstechnik

Herausgegeben im Auftrage des Ministerpräsidenten Heinz Kühn
vom Minister für Wissenschaft und Forschung Johannes Rau

Prof. Dr.-Ing. Manfred Weck
Dipl.-Ing. Peter Gold
Dipl.-Ing. Josef Goebbelet

Laboratorium für Werkzeugmaschinen und Betriebslehre
der Rhein.-Westf. Techn. Hochschule Aachen

Bestimmung von Getriebeverformungen und Flankenrichtungskorrekturen mehrstufiger Zahnradgetriebe

WESTDEUTSCHER VERLAG 1977

CIP-Kurztitelaufnahme der Deutschen Bibliothek

Weck, Manfred
Bestimmung von Getriebeverformungen und Flankenrichtungskorrekturen mehrstufiger Zahnradgetriebe / Manfred Weck; Peter Gold; Josef Goebbelet. - 1. Aufl. - Opladen: Westdeutscher Verlag, 1977.

(Forschungsberichte des Landes Nordrhein-Westfalen; Nr. 2687 : Fachgruppe Maschinenbau/Verfahrenstechnik)

ISBN 978-3-531-02687-9 ISBN 978-3-322-88414-5 (eBook)
DOI 10.1007/978-3-322-88414-5

NE: Gold, Peter:; Goebbelet, Josef:

Gesamtherstellung: Westdeutscher Verlag

ISBN 978-3-531-02687-9

INHALT Seite

VERWENDETE KURZZEICHEN

		Einheit
A, a_o	Achsabstand	mm
b	Zahnbreite	mm
b_{cal}	rechnerische Zahnbreite	mm
c_L	Lagersteifigkeit	N/mm
c_z, c_γ	spez. Verzahnungssteifigk.	N/(mm · mm)
d	Teilkreisdurchmesser	mm
d_B	Kugeldurchmesser von Wälzlagern	mm
d_E	Wellendurchmesser	mm
E	Elastizitätsmodul	N/mm^2
F	Kraft	N
F_{Br}	Radiale Lagerbelastung	N
F_m	Mittlere Gleichstreckenlast am Teilzylinder	N
F_{max}	Maximale Umfangskraft infolge Flankenrichtungsfehler	N
F_t	Nenn-Umfangskraft am Teilzylinder im Stirnschnitt	N
$F_{ßy}$	wirksamer Flankenrichtungsfehler	μm
$f_ß$	verformungsbedingter Flankenrichtungsfehler	μm
$f_{ßk}$	Flankenrichtungskorrektur	μm
f_b	Wellendurchbiegung	μm

f_{be}	Flankenrichtungsfehler infolge Lagerverformung	μm
f_{ma}	Flankenrichtungsfehler infolge Herstellungsungenauigkeit	μm
f_t	Wellentorsion	μm
f_{sh}	Flankenrichtungsfehler infolge Wellen--und Radkörperverformung	μm
G	Gleitmodul	N/mm^2
$K_{F\beta}$	Breitenlastverteilungsfaktor für den Zahnfuß	-
$K_{H\beta}$	Breitenlastverteilungsfaktor für die Zahnflanken	-
K	Faktor	-
l	Lagerabstand	mm
l_A	effektive Wälzkörperlänge	mm
M	Moment	Nm
m	Anzahl der Wälzkörperreihen in einem Wälzlager	-
m_N	Normalmodul	mm
n	Anzahl der Wälzkörper in einer Reihe eines Wälzlagers	-
x	Koordinate	
y	Einlaufbetrag infolge Reibverschleiß	mm
β	Schrägungswinkel	grad
γ	Koeffizient	-
δ	Lagerverformung	μm
φ	Verdrehwinkel	grad, rad

1. EINLEITUNG

Die im Getriebebau realisierten Gewichts- und Größeneinsparungen führen einerseits zu großen Kostenersparnissen, andererseits jedoch zu Beanspruchungen, die an die Grenzen der Belastbarkeit heranreichen. Die Forderungen hinsichtlich einer hohen Lebensdauer der Getriebe müssen jedoch weiterhin erfüllt sein.

Dies ist beispielsweise für Turbogetriebe in Kraftwerksanlagen und Antriebe der Rohstoff- und metallverarbeitenden Industrie (z. B. Drehofen- und Walzwerksantrieben) von Bedeutung, wo eine sehr hohe Lebensdauer bei extremen Belastungen gefordert wird.

Die Praxis zeigt, daß trotz Einsatz modernster Berechnungsmethoden und Berücksichtigung großer Sicherheitsfaktoren frühzeitig Schadensfälle zu verzeichnen sind, die in den Unternehmen zu großen Verlusten führen.

Gründe dieser Schadensfälle sind häufig dynamische Zusatzbelastungen und auch fertigungstechnisch bedingte und lastbedingte Flankenrichtungsfehler, welche durch zu geringe Steifigkeiten der Getriebebauteile hervorgerufen werden.

Infolge der Bestrebungen im Getriebebau zu größeren Leistungen bei kleineren Bauweisen kommt es darüber hinaus zu Temperaturbelastungen, welche wiederum erhebliche thermisch bedingte Verformungen hervorrufen können. Zur sicheren Dimensionierung der Zahnradgetriebe ist daher eine hinreichend genaue Vorausberechnung der lastbedingten Verformungen erforderlich. Bei Kenntnis der lastbedingten Verformungen ist es dann möglich, ihren tragfähigkeitsmindernden Einfluß durch geeignete Korrekturen an den Verzahnungen zu kompensieren.

Um dieses Ziel zu erreichen,ist es notwendig, Rechenverfahren zu entwickeln, mit denen detaillierte Nachgiebigkeits-Schwachstellenanalysen an mehrstufigen Getrieben bereits im Konstruktionsstadium durchgeführt werden können. Besonders bei mehrstufigen Getrieben sind die Zusammenhänge für die Bestimmung der Elastizitätseigenschaften infolge der Vielzahl sich beeinflussender Bauteile wie Gehäuse, Lager, Wellen und Zahnräder jedoch so komplex, daß der Einsatz von Digitalrechnern erforderlich ist.

Die Verwendung von Rechnerprogrammen ermöglicht überdies die einfache Nachrechnung ausgeführter Getriebe und führt sowohl im Bereich der Neukonstruktion wie der Erprobung von Getrieben zu einer Senkung der Kosten und einer stetigen Verbesserung der Produkte.

2. STAND DER TECHNIK

Im Hinblick auf den einfachen praktischen Gebrauch gibt es nur unzureichende Berechnungsverfahren, um die Einflüsse der lastbedingten Verformungen in ihrer Summe vorauszubestimmen, weshalb bei der Konstruktion von Getrieben vielfach ein enormer Entwicklungsaufwand getrieben werden muß.

Die hohe spezifische Belastung der Getriebe führt zu Verformungen an den Gehäusen, Lagern, Wellen und Radkörpern. Hieraus resultiert eine Abweichung vom idealen Zahneingriff in Form einer Richtungsabweichung der zu paarenden Zahnflanken von Ritzel und Rad. Zusammen mit den herstellungs- und montagebedingten Richtungsabweichungen ergibt sich hieraus der sogenannte "Wirksame Flankenrichtungsfehler" der Verzahnung, der in jedem Fall eine Verminderung der Tragfähigkeit nach sich zieht /10, 11, 19, 20, 22, 27, 28, 30, 32/. In Abb. 1 sind die einzelnen Komponenten, die zur Definition des wirksamen Flankenrichtungsfehlers führen, zusammengestellt.

Die montage- und herstellungsbedingten Fehler werden hierbei im allgemeinen als geometrische Summe der Flankenrichtungsfehler beider Zahnräder und der Achsparallelitätsfehler aus den Fluchtungsfehlern der Lagerbohrungen verstanden. Hierzu sind Betrachtungen angestellt worden, in welcher Weise sich Flankenrichtungs- und Achsparallelitätsfehler mit positiver bzw. negativer Abweichung von ihrer Sollage in der Eingriffsebene überlagern und in wie weit eine Umkehr der Lastrichtung diese Überlagerung beeinflußt /3, 4, 5, 27, 30, 32/.

Im belasteten Zustand der Getriebe ist auch bei fehlerfreier Verzahnung infolge Verformungen der Getriebebauteile mit einer Abweichung vom idealen Zahneingriff zu rechnen. In Richtung der Eingriffsgeraden ergibt sich dann ein verformungsbedingter Flankenrichtungsfehler, der zusammen mit dem herstellungs- und montagebedingten Flankenrichtungsfehler den wirksamen Flankenrichtungsfehler $F_{\beta y}$ ergibt.

Nach /30/ ist der wirksamen Flankenrichtungsfehler als derjenige maximale Abstand zwischen den Zahnflanken beschrieben, der sich einstellt infolge der herstellungsbedingten Fehler und der lastabhängigen Verformungen mit Ausnahme der **Zahnverformung** und der Hertzschen Abplattung, d. h. bei starr angenommenen Zähnen. Diese Definition entspricht auch den Angaben der ISO /15/ und dem in Abb. 1 festgehaltenen Zusammenhang.

In der Literatur /10, 11, 22, 27, 32, 38/ wird der wirksame Flankenrichtungsfehler auch als Richtungsfehler oder Übermaß bezeichnet, wobei vielfach jedoch der verformungsbedingte Anteil unberücksichtigt bleibt /21, 22/. Die Anteile, aus denen sich der verformungsbedingte Flankenrichtungsfehler zusammensetzt, sollen im folgenden näher diskutiert werden.

2.1 Gehäuseverformung

Die Verformungen des Getriebegehäuses resultieren aus den Lagerreaktionskräften; die Folge sind Achsparallelitätsfehler der Getriebewellen. In der Literatur wird die Auswirkung der Gehäuseverformung auf den wirksamen Flankenrichtungsfehler in die Betrachtungen stets mit einbezogen /17, 27, 30, 32/; eine Möglichkeit zur rechnerischen Vorausbestimmung dieses Verformungsanteils wird in Form einer Näherungsrechnung für einstufige Getriebe jedoch nur in /30/ vorgestellt. Verformungsmessungen in /32/ zeigen, daß die Gehäuseverformung bei starrem und ebenem Fundament vernachlässigbar klein ist. Von dieser Annahme wird auch in der ISO /15/ ausgegangen.

Untersuchungen in der Industrie sowie Messungen, die im Rahmen dieses Forschungsvorhabens durchgeführt worden sind haben jedoch gezeigt, daß die Gehäusedeformationen bei der Bestimmung lastbedingter Flankenrichtungsfehler nicht vernachlässigt werden dürfen. Dies ist vor allen Dingen dann der Fall, wenn es sich um geteilte Gehäuse handelt. Hierbei hängt die Steifigkeit des Gehäuses stark von der Verschraubung der Gehäuseteile ab. Für den Fall, daß die Lagerungen in der Fügestelle liegen, können bei zu geringen Fügestellen-Steifigkeiten erhebliche Verlagerungen der Wellen auftreten.

In der Praxis ist man daher bei Neuentwicklungen bestrebt, die Gehäuse mit Hilfe der Methode finiter Elemente /23, 26/ hinsichtlich des Elastizitätsverhaltens zu berechnen. Mit Hilfe entsprechender Digitalrechnerprogramme /34/ können die Verformungen des Gehäuses an den Lagerstellen ermittelt und bei der Bestimmung der Lagerungssteifigkeit der Getriebewellen berücksichtigt werden.

2.2 Lagerverformung

Die Gleichungen zur Berechnung der Nachgiebigkeit von Wälzlagern sind einer großen Anzahl von Arbeiten /9, 13, 24, 37, 40/ zu entnehmen. In /9/ sind Diagramme angegeben, aus denen die Lagerverformung entsprechend Belastung, Bauart, Baureihe, Baugröße und Lagerspiel bestimmt werden kann.

Hierbei ist zu beachten, daß die Gleichungen bzw. Diagramme zur Bestimmung der Lagersteifigkeiten auf der Annahme basieren, daß ideale Einbauverhältnisse, d. h. starre Lagerumbauteile, vorliegen. Wie im vorigen Kapitel bereits erwähnt, müssen jedoch die Deformationen des Gehäuses an der Lagerstelle zu den Lagerverformungen addiert werden, weil sonst erhebliche Fehler bei der Ermittlung der lastbedingten Flankenrichtungsfehler auftreten können.

Verformungen an den Lagerungen führen dann zu Achsparallelitätsfehlern, wenn z. B. bei einer zweifach gelagerten Welle mit jeweils gleichem Lagertyp die Lagerbelastungen unterschiedlich sind. Entsprechend können Achsparallelitätsfehler auch bei gleichen Lagerbelastungen, jedoch bei Verwendung verschiedener Lagertypen, entstehen. In /30, 32/ sind geeignete Vorgehensweisen zur Ermittlung des aus der Lagerverformung resultierenden Achsparallelitätsfehlers angegeben.

Die zugeschnittenen Größengleichungen in /30/ zur Berechnung der Lagerfederung betriebswarmer, spiel- und vorspannungsfreier Kugel- und Rollenlager sind identisch mit den in der ISO /15/ verwendeten Formeln, die an späterer Stelle dieses Berichtes in Abb. 3 aufgeführt sind. Die Bestimmung der Steifigkeit hydrostatischer Gleitlager ist mit einem Digitalrechnerprogramm /35/ möglich, das in letzter Zeit am Laboratorium für Werkzeugmaschinen und Betriebslehre der RWTH Aachen entwickelt wurde.

2.3 Wellenverformung

Unter der Wirkung der radialen und axialen Zahnbelastungen verformen sich die Getriebewellen in Form von Durchbiegung und Torsion. Beide Verformungsarten werden beeinflußt durch die Höhe der Belastung und durch die geometrischen Abmessungen der Welle, die Durchbiegung zusätzlich durch die Lagerarten und Lageranordnungen an der jeweiligen Welle. Dabei ist unter Lageranordnung zu verstehen, ob in Bezug auf das Zahnrad, d. h. auf die Stelle des Lastangriffs, eine symmetrische, eine asymmetrische oder eine fliegende Lagerung der Getriebewelle vorliegt. Die Neigung der Biegelinie am Radsitz und auch die Verdrehung von Ritzelwellen im Bereich des Ritzels führen zur Flankenrichtungsabweichung infolge Wellenverformung.

Für den Fall einer glatten bzw. einfach abgesetzten, symmetrisch gelagerten Welle ist die Durchbiegung relativ einfach zu bestimmen; entsprechende Rechenverfahren sind aus der Literatur /2, 8, 17, 18, 27/ bekannt. Im Zusammenhang mit Untersuchungen der Lastverteilung über der Zahnbreite wird die Durchbiegung von Getriebewellen auch noch in /27, 30, 32/ berücksichtigt.

Die meisten dieser Verfahren, die auf geschlossenen Berechnungsansätzen der Mechanik basieren, scheitern jedoch in ihrer praktischen Anwendung häufig an der Komplexität der zu berechnenden Bauteile. In der Mehrzahl der Fälle sind Getriebewellen aus konstruktiven Gründen mehrfach abgesetzt, wobei zwischen den Lagerstellen beträchtliche Durchmesseränderungen vorkommen können, die sehr stark den Verlauf der Biegelinie beeinflussen.

Die Berechnung mehrfach abgesetzter und statisch unbestimmt gelagerter Wellen wird mit Hilfe der Übertragungsmatrizen /7, 25/ oder auch mit der Methode finiter Elemente /23, 26, 34/ durchgeführt, wobei die Wellen in der Regel durch Balkenelemente approximiert werden. Mit Hilfe dieser Rechenverfahren lassen sich die räumlichen Biegelinien, die Neigung der Biegelinien für jeden Punkt einer Welle sowie Querkräfte und Biegemomente bestimmen.

Entsprechende Gleichungen zur Berechnung der Torsionsverformung von Ritzelwellen mit $d_1/d_E < 1{,}5$ werden in /8, 17, 18, 27/ angegeben. Für größere d_1/d_E-Verhältnisse ist mit Hilfe dieser Verfahren eine genaue Berechnung der Torsionsverformung nicht mehr möglich. In /30/ wird ein iteratives Rechenverfahren zur Ermittlung der Torsionsverformung des Radkörpers vorgestellt, auf das im nächsten Abschnitt dieses Berichtes näher eingegangen wird.

Einige der in diesem Abschnitt genannten Möglichkeiten zur Berechnung der Durchbiegung und Torsion von Getriebewellen sind in Abb. 2 einander gegenübergestellt. Dabei gehen die im linken Bildteil aufgeführten Autoren /6, 17/ von einer gleichmäßig über der Zahnbreite verteilten Streckenbelastung aus, wohingegen nach /2, 8/ im rechten Bildteil eine Einzelkraft zugrundegelegt wird.

Die Biegung der Welle infolge einer Biegemomentbeanspruchung, verursacht durch die bei Schrägverzahnung auftretende Axialkraft, wird hierbei nicht berücksichtigt. Darüber hinaus werden auch die Verlagerungen des Ritzels durch die Belastung eines weiteren Zahnrades auf derselben Welle nicht erfaßt, was für viele Fälle jedoch unerläßlich ist.

Die Gleichungen zur Ermittlung des verformungsbedingten Flankenrichtungsfehlers nach dem Tragfähigkeits-Nachrechnungsverfahren nach ISO /15/ sind in Abb. 3 zusammengefaßt. Für eine beidseitig gelagerte Welle sind die Berechnungsgleichungen zur Ermittlung von Durchbiegung und Torsion im linken Bildteil angegeben; der rechte Bildteil beinhaltet die Gleichungen zur Ermittlung der Lagerverformung und des daraus resultierenden Flankenrichtungsfehlers, die mit den Gleichungen nach /30/ identisch sind. Für den Fall der fliegenden Lagerung gelten die in geschweiften Klammern stehenden Werte und Begriffe.

Zusammenfassend sind in Abb. 4 die nach den einzelnen Verfahren berechneten Biege- und Torsionsverformungen über dem Verhältnis von Zahnbreite zu Teilkreisdurchmesser b/d_1 aufgetragen. Hierbei ist ein Verhältnis von Lagerabstand zu Zahnradbreite von $l/b = 2$ und eine spezifische Belastung von $F_m/b = 500$ N/mm zugrundegelegt. Beim Vergleich der Kurvenverläufe in beiden Diagrammen erkennt man, daß die berechneten Biegeverformungen recht gut übereinstimmen. Die Torsionsverformungen zeigen im Kurvenverlauf eine nicht so gute Übereinstimmung. Bemerkenswert ist jedoch, daß die Torsionsverformung auch bei kleineren b/d_1-Verhältnissen zu größeren Werten führt als die entsprechnde Biegeverformung, und nicht etwa, wie vielfach angenommen, sehr klein ist.

2.4 Radkörperverformung

Die verschiedenen Möglichkeiten zur Bestimmung der Torsionsverformung von Ritzeln bzw. von Ritzelwellen sind, wie bereits erwähnt, in verschiedenen Arbeiten unterschiedlich angegeben worden und führen gemäß Abb. 4 zu voneinander verschiedenen Ergebnissen.

Offensichtlich spielt hierbei die Art der Belastung (Streckenlast oder Punktlast) und das benutze Rechenmodell, d. h. Darstellung des Ritzels als ideeller Torsionsstab bzw. als in Abschnitten (Scheiben) unterteilter Stab, eine Rolle. Dieses Problem liegt auch bei der Ermittlung der Torsionsverformungen von Rädern ($d_1/d_E > 2$) bzw. deren Radkörpern vor, allerdings sind die zu erwartenden Ungenauigkeiten bei der Berechnung relativ klein, wenn die Räder mit kleinen Breitenverhältnissen b/d_1 (Abb. 4) ausgeführt sind.

Ein Vorschlag zur Torsions-Verformungsberechnung von Rädern

wird in /30/ vorgestellt. Hierbei wird die Torsionsverformung über der Zahnbreite als Summe der Torsionsverformungen von Abschnitten des Radkörpers ermittelt. Der gesamte Verdrillwinkel des Radkörpers ergibt sich dann aus der Summe der Verdrillwinkel der einzelnen Abschnitte, woraus sich die Torsion in der Umfangs- bzw. Eingriffsebene errechnen läßt.

Bei der Berechnung der Gesamtsteifigkeit von Verzahnungen werden in /41/ die Zähne einschließlich Radkörper in Abschnitte zerlegt, wobei sowohl für die Zähne als auch für den Radkörper ein besonderes Feder-Rechenmodell entwickelt wurde. Das Modell ist jedoch speziell zur Ermittlung von Verzahnungssteifigkeiten ausgelegt, so daß eine Separierung der Radkörperverformung nicht möglich ist.

2.5 Lastverteilung und Tragfähigkeit

Tritt bei einer Zahnradpaarung ein wirksamer Flankenrichtungsfehler auf, so berühren sich die Zähne im lastfreien Zustand jeweils nur in einem Punkt. Bei allmählicher Steigerung der Last weitet sich der Berührpunkt zwar zu einer Berührzone aus, die Last bleibt jedoch einseitig stärker konzentriert. Dies bewirkt, daß sich dort die Zähne stärker als im fehlerfreien Fall verformen. Damit sinken Gesamtsteifigkeit und Tragfähigkeit der Verzahnung. Dem tragfähigkeitsmindernden Einfluß wirksamer Flankenrichtungsfehler versucht man im Berechnungsstadiums eines Zahnradgetriebes durch die Einführung sogenannter Lastverteilungsfaktoren zu begegnen.

Das Tragfähigkeitsnachrechnungsverfahren nach ISO (DIN 3990) /15/ gibt mit dem Berechnungsvorschlag zur Ermittlung des Breitenlastverteilungsfaktors $K_{Hß}$ ein in sich abgeschlossenes Rechenverfahren an die Hand, das sämtliche lastbedingten Verformungsanteile des wirksamen Flankenrichtungsfehlers berücksichtigt. Die Vorgehensweise hierzu ist in Abb. 5 schematisch dargestellt.

Ein an der Verzahnung vorliegender, im oberen Bild dargestellter, wirksamer Flankenrichtungsfehler $F_{ßy}$ kann je nach Größe der vorliegenden Zahnkraft zu unterschiedlichen Lastverteilungen führen. Bei niedriger Belastung stellt sich eine der im linken Bildteil dargestellten ähnliche Zahnverformung ein, wobei ein Tragen der Verzahnung nur über der Breite b_{cal} gewährleistet ist. Die durchschnittliche Gesamtfederkonstante c_{γ} der Zahnpaarung ist im Modell durch Feder-Elemente simuliert; der Bereich, in dem eine Verformung des Zahnes stattgefunden hat, ist demnach an den zusammengedrückten Federn erkennbar.

Die ungleichmäßige Lastverteilung über der Zahnbreite, die durch die Streckenlast-Pfeile angedeutet ist, führt am Rand der Verzahnung zu einer maximalen spezifischen Belastung F_{max}/b, die sich je nach Größe von b_{cal} aus der mittleren spezifischen Belastung F_m/b errechnen läßt. Der Breitenlastverteilungsfaktor stellt das Verhältnis von maximaler zu mittlerer Belastung dar und berücksichtigt auf diese Weise den Einfluß der ungleichmäßigen Lastverteilung auf die Tragfähigkeit.

Bei einer sehr hohen Zahnkraft wäre eine Lastverteilung denkbar, wie sie im rechten Bildteil der Abb. 5 dargestellt ist. Infolge der hohen Last ist die Zahnverformung so groß, daß der wirksame Flankenrichtungsfehler rein geometrisch vollständig kompensiert und ein Tragen der Verzahnung über der gesamten Zahnbreite erreicht wird. Die tatsächliche Belastung des Zahnes hat jedoch den eingezeichneten Verlauf und führt am Rand der Verzahnung zu einer sehr hohen spezifischen Zahnkraft F_{max}/b, die sich ebenfalls wieder rechnerisch aus der mittleren Last F_m ableiten läßt, wobei die rechnerische Tragbreite $b_{cal} > b$ ist. Auf die Darstellung des Grenzfalles $b_{cal} = b$ ist hier verzichtet worden, da die Berechnungsweise mit dem Ansatz im linken Bildteil identisch ist.

Anhand der Darstellungen wird hinsichtlich der Definition des wirksamen Flankenrichtungsfehlers noch einmal deutlich, daß die Zahnverformung hierin nicht mit einbezogen werden darf. Sie führt geometrisch zwar zu einer Verminderung oder gar Kompensation des wirksamen Flankenrichtungsfehlers, dies jedoch auf Kosten sehr hoher spezifischer Belastungen im Bereich der tragenden Breite b_{cal} und insbesondere am Zahnende. Die Größe dieser tragenden Breite wird jedoch neben der spezifischen Belastung und der Zahnsteifigkeit vom wirksamen Flankenrichtungsfehler bestimmt, wie aus den unteren Gleichungen im Bild hervorgeht.

2.6 Folgerungen

Die Diskussion der aus der Literatur bekannten Verfahren zur Berechnung der einzelnen Verformungsanteile des wirksamen Flankenrichtungsfehlers zeigt, daß diese Verfahren zum Teil stark vereinfachenden geometrischen Annahmen unterworfen sind, die ihre Anwendungsmöglichkeit bei der Dimensionierung von Zahnradgetrieben einschränken. Daneben ist die manuelle Berechnung sehr zeitintensiv und bei der Nachrechnung vollständiger Getriebe nicht mehr vertretbar.

Als Antwort auf die zunehmende Komplexität der Berechnungsmodelle wurden in jüngster Zeit einige Digitalrechnerprogramme erstellt, die bestimmte Teilanforderungen einer Verformungsberechnung erfüllen.

3. DIGITALRECHNER-PROGRAMME ZUR ERMITTLUNG VON GETRIEBEVERFORMUNGEN

Zur Bestimmung der Elastizitätseigenschaften komplizierter Bauteile hat sich die Methode finiter Elemente /23, 26, 34/ bewährt und ist auch mit Erfolg bei der Berechnung des statischen und dynamischen Verhaltens von mehrstufigen Getrieben angewandt worden. Wegen des großen Aufwandes hinsichtlich Datenerfassung und Rechnerbelegung von Finite-Element-Programmen /34/ wird bei Getriebeberechnungen häufig die weniger aufwendige Übertragungsmatrizenmethode /7, 25/ verwendet.

Dieses Verfahren wird auch in einem in /39/ beschriebenen Digitalrechnerprogramm benutzt, mit dem Zahnflankenkorrekturen zum Ausgleich der lastbedingten Verformungen berechnet werden. Mit dem Programm ist die räumliche Biegelinie sowie die Verdrillung mehrfach abgesetzter und statisch unbestimmt gelagerter Ritzelwellen bestimmbar. Neben dem Ritzel, für das die Zahnkorrekturen berechnet werden, sind noch drei weitere Zylinderräder auf der Welle zugelassen, wobei die Rückwirkungen der Belastungen dieser Räder auf das Ritzel berücksichtigt sind.

Aus der Wellenverformung im Verzahnungsbereich wird in Richtung der Eingriffsebene eine Breitenkorrektur für gleichmäßiges Tragen berechnet. Außerdem wird unter Berücksichtigung der mittleren Gesamtfederkonstante der Verzahnung die Lastverteilung über der Zahnbreite für unkorrigierte Verzahnung oder für Verzahnungen mit eingegebenem Richtungsfehler bzw. eingegebener Breitenkorrektur mit beliebigem Verlauf die sich daraus ergebenden Lastverteilungsfaktoren $K_{H\beta}$ und $K_{F\beta}$ bestimmt.

Die einzelnen Schritte des Verfahrens sind in Abb. 6 im Gestalt von Kurvenverläufen festgehalten. Zur Annäherung des kontinuierlichen Verlaufs einer ungleichmäßigen Lastverteilung wird die Eingriffsbreite b in n Abschnitte mit jeweils konstanter Streckenlast aufgeteilt. An den Grenzen dieser Abschnitte wird die Komponente der Wellenverformung (Biegung und Torsion) in Richtung der Eingriffsebene berechnet. Der Berechnung der Wellenverformung liegt zunächst konstante Lastverteilung über der Zahnbreite zugrunde; die daraus erhaltene Verformung ergibt sich also dann, wenn die Verzahnung für vollkommen gleichmäßiges Tragen bei der eingesetzten Last korrigiert wurde. Man erhält aus dieser Verformungslinie auf die in Abb. 6 dargestellte Weise unmittelbar den idealen Verlauf der Breitenkorrektur für diese Last. Welle und Zahnkörper des Gegenrades sind dabei als starr angenommen, die der Verformungslinie des Ritzels entsprechende Linie des Gegenrades soll sich also unter Last nicht verändern.

Unter Last erhält man einen mittleren Zahnverformungsbetrag im Stirnschnitt in Richtung der Eingriffsebene, abhängig von der Zahnbelastung F_m/b, der tragenden Breite b und der Zahnsteifigkeit c_γ . Der Abstand zwischen den im Bild dick eingezeichneten Verformungslinien von Ritzel und Gegenrad stellt die Zahnverformung in Richtung der Eingriffsebene dar, die dazwischen liegende Fläche - Summe beider schraffierter Flächen - ist gleich der gesamten Zahnverformungsfläche, die unabhängig von der Lastverteilung konstant bleibt. Die Verformungslinie der Ritzelwelle ist jedoch wiederum abhängig von der aus ihr ermittelten Lastverteilung; sie wird daher iterativ berechnet.

In Abb. 7 ist die schematische Darstellung eines Schiffsgetriebes mit einer Nennleistung von 12 000 kW wiedergegeben, auf das sich die nebenstehende Beispielrechnung bezieht. Bei der berechneten Verzahnung handelt es sich um die Doppelschrägverzahnung der Ritzelwelle. Die Abbildung zeigt den Programm-Ausdruck der Breitenkorrektur für gleichmäßiges Tragen. Von oben nach unten sind im Diagramm die Abschnittsgrenzen der Eingriffsbreitenverteilung aufgetragen (Koordinaten Uk; Nullpunkt am Anfang der Verzahnung), von links nach rechts die Flankenrücknahme an diesen Punkten (K in μm). Anhand des punktweise angegebenen Korrekturverlaufes für Nennlast wurde für die Verzahnung rechts im Bild (unteres Diagramm) eine Richtungskorrektur von 32 μm linkssteigend, bezogen auf die tragende Breite, gewählt.

Darüber hinaus kann man die Richtungskorrektur in den Datensatz einfügen und in einem weiteren Rechengang hierfür die Lastverteilung bei verschiedenen Laststufen berechnen.

Zu diesem Berechnungsverfahren sei bemerkt, daß die erforderliche Richtungskorrektur generell von den Wellenverformungen und den Lagerverformungen bestimmt wird; insbesondere bei kurzen Wellen ist der Lagerverformungsanteil nicht vernachlässigbar. Die Voraussetzung für eine exakte Ermittlung der Lagerverformungen ist die Kenntnis der Lagersteifigkeiten, die wiederum stark von der resultierenden Lagerbelastung abhängen. Bei Wellen mit mehreren Zahneingriffen und Belastungen in verschiedenen Ebenen ist es mit dem vorgestellten Programm relativ schwierig, diese resultierenden Belastungen für die einzelnen Lagerstellen zu berechnen, insbesondere wenn die Wellen einfach oder mehrfach statisch unbestimmt gelagert sind.

In neuerer Zeit wurde am Laboratorium für Werkzeugmaschinen und Betriebslehre der RWTH Aachen ein EDV-Programm NAGET /12, 36/ entwickelt, mit dessen Hilfe die Deformationen der Bauteile mehrstufiger Getriebezüge mit Zylinder- und Kegelrädern berechnet werden können.

Mit diesem Programm können verzweigte und unverzweigte Getriebe, d. h. Getriebe mit und ohne Leistungsverzweigung, berechnet werden. Auf der Verzweigungswelle sind max. 3 im Kraftfluß befindliche Räder zugelassen, die gerad- oder schrägverzahnt sein können. Auf den übrigen Wellen sind jeweils 2 im Kraftfluß befindliche Zylinder- bzw. Kegelräder erlaubt. Für die Radialbelastung sind pro Welle 5 Radiallager, bei Axialbelastung 4 Axiallagerstellen zugelassen. Die Anzahl der Getriebewellen ist beliebig, wobei als Getriebeabtrieb sowohl eine Welle als auch eine Zahnstange eingesetzt werden kann. Zur Erfassung der Rechendaten werden in den Konstruktionszeichnungen die Wellen und Räder des Getriebes zwecks eindeutiger Identifikation, wie in Abb. 8 gezeigt, bezeichnet. Für die Berechnung der radialen und axialen Wellenverformungen wird jede Welle in charakteristische Abschnitte aufgeteilt, wobei die Anfangs- und Endpunkte der Abschnitte Rechenpunkte darstellen. Abb. 9 zeigt am Beispiel einer Wellenbaugruppe eines Standard-Zylinderradgetriebes eingetragene Rechenpunkte sowohl für die durch die Radialbelastungen F_1 und F_2 hervorgerufenen Radialverformungen (Wellenbiegung einschließlich radiale Lagerdeformationen) als auch für die durch Axiallasten auftretenden Axialverformungen (Wellen-, Distanzring- und axiale Lagerdeformationen). Es wird deutlich, daß entsprechend der an den Deformationen beteiligten Bauteile unter Umständen unterschiedliche Rechenpunkte für Radial- und Axialbelastung festgelegt werden müssen.

Für jeden Rechenpunkt ist die Angabe von Innen- und Außendurchmesser bzw. Teilkreisdurchmesser, hinführende Länge zu jedem Rechenpunkt sowie Kennzeichnung der Lagerstellen mit Angabe des Lagertyps, Spiel bzw. der Lagersteifigkeit (nur wenn diese bekannt ist) erforderlich.

Weitere für das Programm erforderliche Eingabedaten sind in Abb. 10 anschaulich dargestellt. Bei z. B. drei im Kraftfluß befindlichen Rädern einer Welle sind sechs verschiedene Konstellationen der Zahnnormalkräfte möglich, hier kurz Belastungsfälle genannt, wobei die Lage der Kraftangriffspunkte durch sog. Belastungswinkel φ festgelegt werden.

Als Eingabedaten werden lediglich die Belastungsfall-Nummer und die Belastungswinkel benötigt, um die räumliche Belastung der Wellen bzw. die Anordnung der Wellen im Getriebegehäuse zu beschreiben.

Neben diesen beschriebenen sind noch weitere Daten wie Eingriffs- und Schrägungswinkel, Verzahnungssteifigkeiten und Paßfeder- bzw. Vielkeilwellengeometrien zu erfassen. Nähere Angaben sind einer ausführlichen Programmbeschreibung zu entnehmen /36/.

Im folgenden soll in groben Zügen der Ablauf der Rechnung zur Bestimmung des statischen Verhaltens mehrstufiger Getriebe erläutert werden:

Falls es sich um ein verzweigtes Getriebe handelt, werden die Daten in der Reihenfolge der vorgeschriebenen Wellennummerierung verarbeitet, wobei zunächst ein geschätzter Wert eingegeben werden muß, der angibt, mit welchen Anteilen die beiden Getriebezweige im Falle der Leistungsverzweigung an der Gesamtnachgiebigkeit des gesamten Getriebes beteiligt sind. Zunächst werden dann aus dem Antriebsmoment des Getriebes sämtliche Zahnnormalkräfte berechnet, woraus mit Hilfe des Kraftgrößenverfahrens bei Annahme starrer Radiallager die Auflagerkräfte aller Wellen bestimmt werden. Mit den bekannten Lagerkräften werden entsprechend den eingegebenen Lagertypenkennzeichen für die gebräuchlichen Wälzlager die einzelenen Lagersteifigkeiten berechnet /9/, welche für die genaue Berechnung der Wellen-Biegelinien notwendig sind. Es ist jedoch auch möglich, die Lagersteifigkeiten direkt einzugeben, falls diese z. B. aufgrund von Erfahrungen bzw. Meßwerten bekannt sind.

Die räumlichen radialen Wellenverformungen werden mit Übertragungsmatrizen /7, 25/ berechnet. Anschließend erfolgt die Bestimmung der Torsionsnachgiebigkeiten der abgesetzten Wellen sowie die Nachgiebigkeiten von Paßfedern bzw. Vielkeilprofilen. Letztere werden nach empirischen Gleichungen bestimmt, welche aufgrund umfangreicher Meßreihen ermittelt wurden /29/.

Nach vorausgegangener Ermittlung der einzelnen Axialkräfte an den Rädern (nur bei Schrägverzahnung) werden wie bei der Radiallast die Auflagerkräfte einschließlich der Vorspannkräfte ermittelt. Dabei werden zunächst geschätzte Axiallagersteifigkeiten eingegeben. Mit Hilfe der in erster Näherung berechneten Lagerkräfte lassen sich für die programmierten Lagertypen die tatsächlichen Lagersteifigkeiten /40/

bestimmen. Diese Werte werden in die Axialnachgiebigkeitsrechnung eingeführt, so daß sich bei steigender Anzahl von Iterationsschritten ein immer genauerer Betrag der Axialnachgiebigkeit einer Wellenbaugruppe ergibt.

Nachdem alle Nachgiebigkeitsanteile der Getriebewellen bekannt sind, werden die Werte zu Wellen- bzw. Getriebezugnachgiebigkeiten zusammengefaßt. Die Rechnung wird beendet, wenn die Anteile der Getriebezweige A und B (Abb. 8) an der Getriebenachgiebigkeit mit den zuvor berechneten innerhalb vorgegebener Grenzen übereinstimmen. Andernfalls wird das Getriebe solange durchgerechnet, bis die geforderte Genauigkeit erreicht ist. Neben der Berechnung von verzweigten Getrieben können natürlich auch unverzweigte Getriebe berechnet werden.

Nach Beendigung des Rechenlaufes werden eine große Anzahl von Ergebnissen ausgegeben: Neben den wichtigen Eingabedaten erhält man außer den Angaben über die einzelnen Radbelastungen, den radialen und axialen Lagerbelastungen auch die entsprechenden Lagersteifigkeiten.

Darüber hinaus werden die Wellendurchbiegung und Wellentorsion abschnittweise angegeben, wobei die Werte der Querkräfte und Biegemomente für jeden Rechenpunkt vorliegen. Schließlich erfolgt die Ausgabe von Nachgiebigkeiten der einzelnen Bauteile sowohl an jedem Zahnrad der jeweiligen Welle als auch in reduzierter Form bezogen auf den Getriebeabtrieb. Damit liegt eine übersichtliche Schwachstellenanalyse des Getriebes vor, woraus auf einen Blick ersichtlich ist, welche Welle die größte Schwachstelle darstellt und wie groß die einzelnen Wellen-Nachgiebigkeitsanteile sind.

Im folgenden wird anhand eines Walzwerk-Antriebs gezeigt, wie die Nachgiebigkeitsschwachstellen eines Getriebes mit Hilfe des Programms NAGET lokalisiert werden können. In

Abb. 11 ist das Getriebe, bestehend aus neuen Wellen, gezeigt. In Abb. 12 ist das mit Hilfe des Programms erzielte Ergebnis in Form eines Balkendiagramms dargestellt.

Es zeigt sich, daß die Wellen IV und IX den größten Anteil an der Gesamtnachgiebigkeit des Getriebes haben. Bei Welle IX sind kaum Verbesserungsmöglichkeiten gegeben, da hier die Torsionsnachgiebigkeit zwischen Walzen und Zahnrad dominiert und aus baulichen Gründen die große Torsionslänge nicht verkürzt werden kann. An der zweitgrößten Schwachstellen (Welle IV) ist beispielhaft gezeigt, daß durch Verwendung von Schrumpfsitzen im Vergleich zu Paßfederverbindungen an Kupplung und Zahnrädern eine Verbesserung der Gesamtnachgiebigkeit der Welle zu erreichen ist. Dadurch ergibt sich eine neue, rechts oben in Abb. 12 dargestellte Verteilung der Wellennachgiebigkeiten, verbunden mit einer Verringerung der Getriebe-Gesamtnachgiebigkeit.

Bei der Ermittlung der Gesamtnachgiebigkeit eines Getriebes sind indirekt alle Informationen vorhanden, die notwendig sind, um die Torsion, Biegung und sonstige Verlagerungen der Wellen zu berechnen. Bei entsprechender Erweiterung des Programms NAGET, sind aus den Verlagerungen für die einzelnen Zahneingriffe die verformungsbedingten Flankenrichtungsfehler bestimmbar.

Die besonderen Vorteile des beschriebenen Programms sind darin zu sehen, daß die Berechnung mehrstufiger Getriebe in einem Rechenlauf möglich ist, wodurch Datenübergabefehler bei der Berechnung der einzelnen Wellen vermieden werden, und daß auch die Rückwirkungen der einzelnen Wellen aufeinander mitberücksichtigt sind. Außerdem werden die lastbedingten Lagerverformungen in Abhängigkeit von der Belastung berechnet und bei der Bestimmung der Wellendeformationen mit einbezogen. Einschränkend muß gesagt werden, daß die Berechnungen innerhalb des Programms unter der Annahme eines punktförmigen Lastangriffs erfolgen.

Die beiden beschriebenen EDV-Programme eröffnen unter Berücksichtigung ihres Geltungsbereiches die Möglichkeit, verformungsbedingte Flankenrichtungsfehler von Zahnradgetrieben mit guter Näherung zu ermitteln. Eine exakte Vorausbestimmung der lastbedingten Verformungen und damit der erforderlichen Zahnkorrekturen ausgeführter Getriebe ist jedoch nur bei Kenntnis der Auswirkung der getroffenen Vereinfachungen und Lastannahmen auf das Rechenergebnis möglich.

Aufbauend auf dem Rechenprogramm NAGET wurde deshalb ein EDV-Programm VERZA entwickelt. Aufgrund dieser Programmerweiterung können sowohl punktförmige Lastangriffe als auch Lastverteilungen berücksichtigt werden.

4. ERMITTLUNG VERFORMUNGSBEDINGTER FLANKENRICHTUNGSKORREKTUREN

Die exakte Ermittlung einer erforderlichen Flankenrichtungskorrektur ist, wie bereits angedeutet, in Form einer Iteration möglich, wie das Gedankenmodell in Abb. 13 veranschaulicht.

Unter der Annahme einer zunächst mangels genauer Kenntnis angenommenen gleichförmigen Streckenlast F_m/b ergibt sich aus den Getriebedeformationen im ersten Schritt ein Flankenrichtungsfehler $f_{\beta 1}$, der unter Vernachlässigung der montage- und herstellungsbedingten Fehler als wirksamer Flankenrichtungsfehler angesehen werden kann. Dieser bewirkt eine Lastverteilung, wie sie im zweiten Schritt dargestellt ist. Unter Zugrundelegung dieser Lastverteilung $F/b\ (x_1)$, die den wirklichen Verhältnissen bereits näher kommt als der Ausgangszustand, ergibt sich nach einem erneuten Rechenlauf ein Flankenrichtungsfehler $f_{\beta 2}$, der wiederum zu einer neuen Lastverteilung $F/b\ (x_2)$ führt usw. Nach "n"-Schritten gelangt man auf diese Weise zu einem hinreichend genauen wirksamen Flankenrichtungsfehler $f_{ßn}$, der gleichbedeutend ist mit der erforderlichen Flankenrichtungskorrektur $f_{ßk}$. Diese relativ aufwendige Iteration ist bei der Berechnung nur einer Getriebestufe vertretbar, muß jedoch für die Berechnung mehrstufiger Getriebe eingeschränkt werden. Es ist deshalb zunächst erforderlich, die Auswirkung verschiedener Lastverteilungen an den Verzahnungen auf Biege- und Torsionsverformungen von Wellen zu untersuchen.

4.1 Einfluß von Lastverteilungen auf die Wellendeformationen

Hierbei ist zu prüfen, ob bei der Berechnung der Deformationen infolge Biege- bzw. Torsionsbeanspruchung die Berücksichtigung einer verteilten Last an der Verzahnung erforderlich ist, oder ob es ausreicht, mit einer Punktlast zu rechnen. Verschiedene Ansätze, welche eine gleichmäßig verteilte Streckenlast bzw. Punktlast berücksichtigen, wurden in Abb. 2 vorgestellt und die damit zu erzielenden Ergebnisse in Abb. 4 gezeigt.

Als Ergänzung seien nun noch in Abb. 14 die Biegeverformungen und die Torsionsverformungen im Bereich des Ritzels einer Ritzelwelle in Abhängigkeit vom Verhältnis b/d_1 infolge ungleicher Lastverteilungen gezeigt. Alle diese Diagramme lassen erkennen, daß die Berücksichtigung der Punktlast anstelle einer Streckenlast bei den üblichen Verhältnissen von Verzahnungsbreite b und Teilkreisdurchmesser d_1 hinsichtlich der Biegeverformung ausreichend ist und eine aufwendige Iterationsberechnung nur in Sonderfällen gerechtfertigt erscheint. Hingegen ist der Einfluß der Lastverteilung bei der Torsionsverformung größer. Wegen des großen Rechenaufwandes sollte jedoch die Einbeziehung dieses Einflusses jeweils vom Verhältnis b/d_1 der einzelnen Verzahnungen abhängig gemacht werden (vergl. auch Abb. 4).

4.2.Digitalrechnerprogramm

Zur Ermittlung der verformungsbedingten Flankenrichtungsfehler in mehrstufigen Getrieben war es notwendig, erhebliche Erweiterungen des Programms NAGET vorzunehmen. Darüber hinaus mußte durch ein zusätzliches Programm VERZA die Berücksichtigung der Ritzel-Torsion infolge der sich einstellenden Lastverteilung an der Verzahnung sichergestellt werden. Abb. 15 zeigt, wie die Modellvorstellung nach Abb. 13 mit Hilfe der Programmteile NAGET und VERZA realisiert wird.

Aus der Getriebebelastung (z. B. Abtriebs-Drehmoment), den Abmessungen der Wellenabschnitte sowie der Zahnräder, den Lagerdaten (z. B. Lagertypenkennzahl) und schließlich den Daten, welche die Lage der Wellen im Getriebe-Gehäuse beschreiben, werden die räumlichen Biegelinien berechnet. Hieraus ergeben sich die Schieflagen der Ritzel bzw. der Räder. In einem weiteren Schritt werden iterativ die Torsionsverformungen der Ritzel bzw. der Räder bestimmt. Aus der Überlagerung der Richtungsfehler aus Biegung und Torsion resultiert schließlich der wirksame Flankenrichtungsfehler bzw. die erforderliche Flankenrichtungskorrektur.

In Abb. 16 wird der Ablauf des Programmsystems in Form eines Flußdiagramms wiedergegeben, wobei nur die für die Bestimmung der Flankenrichtungsfehler bzw. deren Korrekturen wesentlichen Ergebnisse zusammengestellt sind.
Wie bereits in Kapitel 3 erläutert, erhält man bei einem Rechenlauf detaillierte Aussagen hinsichtlich der Deformationen der einzelnen Gestellbauteile sowie eine detaillierte Nachgiebigkeits-Schwachstellenanalyse, aus der entnommen werden kann, welche Welle die geringste Steifigkeit besitzt und wodurch diese geringe Wellensteifigkeit verursacht wird. Darüber hinaus ist feststellbar, an welchen Zahneingriffen des mehrstufigen Getriebes eine Flankenrichtungs-

korrektur vorgenommen werden sollte.

Bei Anwendung des Programms zeigte es sich, daß die in Abb. 15 beschriebene Iteration zur Ermittlung einer hinreichend genauen Lastverteilung sehr aufwendig ist. Es wurde daher geprüft, wie groß die Abweichung zwischen der Lastverteilung ist, wenn man zum einen die Iteration (Programm VERZA) nicht durchführt und zum anderen diese Berechnung einbezieht.
Dies wird im folgenden anhand Abb. 17 erläutert, in welcher die sich ergebenden Flankenrichtungskorrekturen und die daraus resultierenden Lastverteilungen an einem schrägverzahnten Ritzel gegenübergestellt sind. Das Ritzel ist oben in der Abbildung skizziert.

Vom wirksamen Flankenrichtungsfehler $F_{ßy}$, der sich aus den herstellungs-, montage- und lastbedingten Anteilen zusammensetzt,sei der Einfachheit halber nur der lastbedingte Anteil $f_ß$, also der Fehler infolge Verformungen, betrachtet.

Aufgrund einer Lastverteilung wird die Ritzelwelle verformt, was zu dem skizzierten Verlauf des Flankenrichtungsfehlers $f_ß$ entlang der Berührungslinie führt (Abb. 17, unkorrigiert).

Wie bereits bei der Beschreibung des Programms gesagt, wird die Lastverteilung in der Verzahnung nicht berücksichtigt sondern statt dessen mit der entsprechenden Zahnnormalkraft gerechnet, die in der Mitte der Verzahnung angreift, so wie es in Abb. 9 gezeigt ist. Infolge der Verdrillung der Ritzelwelle über der Verzahnungsbreite b ergibt sich im Gegensatz zum tatsächlichen Fall ein linearer Verlauf des Flankenrichtungsfehlers, der durch die eingezeichnete Flankenrichtungskorrektur $f_{ßk}$ kompensiert wird (Abb. 17, mit NAGET).

b) Programm NAGET/VERZA

Berücksichtigt man mit Hilfe des Programmbausteins VERZA die Lastverteilung und führt die bereits beschriebenen Iterationen aus, so ergibt sich eine Flankenrichtungskorrektur, die bei genügender Anzahl von Iterationsschritten der tatsächlich erforderlichen Korrektur entspricht (Abb. 17, mit VERZA).

c) Folgerung

Ein im unteren Teil der Abb. 17 dargestellter Vergleich der entsprechenden Lastverteilungen zeigt, daß bei Korrektur mit VERZA eine symmetrische Lastverteilung erreicht wird, während bei Korrektur mit NAGET eine unsymmetrische Lastverteilung resultiert, die eine Lastüberhöhung von 10 % gegenüber der symmetrischen Verteilung zur Folge hat.

Im unkorrigierten Fall herrscht ein starkes Kantentragen, welches eine erhebliche Minderung der Tragfähigkeit dieser Verzahnung bewirkt.

Parameterstudien haben gezeigt, daß sich die beiden Korrekturbeträge aus NAGET und VERZA bei verschiedenen Verzahnungsbreiten jeweils um den gleichen Verhältnisbetrag unterscheiden. Es ergab sich, daß die Korrektur aus NAGET mit einem konstanten Faktor multipliziert werden muß, damit sich eine symmetrische Lastverteilung über der Zahnbreite ergibt. Hierdurch kann also die Iterationsrechnung mit VERZA bei der Bestimmung der Flankenrichtungskorrektur umgangen werden. Hingegen ist zur Berechnung des Lastverteilungsverlaufes ein Rechenlauf mit VERZA erforderlich.

5. BERECHNUNGS-BEISPIELE

Anhand des ersten hier beschriebenen Beispiels soll zunächst noch einmal die Vorgehensweise bei der Flankenrichtungskorrektur-Bestimmung veranschaulicht werden.
Im zweiten Beispiel werden die lastbedingten Flankenrichtungsfehler eines dreistufigen Standard-Zylinderradgetriebes berechnet und mit Messungen verglichen.

5.1 Ritzelwelle

Abb. 18 zeigt eine Ritzelwelle mit zwei Ritzeln, auf der noch ein weiteres Zahnrad montiert ist. Bei dieser Welle handelt es sich um die Welle III des in Abb. 19 schematisch dargestellten verzweigten Getriebes. Das Getriebe wird durch axiales Verschieben der Ritzelwelle III verspannt, so daß die Zahnstange VIII spielfrei bewegt werden kann. Aufgrund der V-förmigen Anordnung der Wellen der Getriebezweige A und B wirken an der Ritzelwelle III in verschiedenen radialen und axialen Richtungen Kräfte, die eine räumliche Verformung der Welle verursachen. In Abb. 18 sind die Biegelinien infolge der drei Zahnkräfte, die an den Stellen 6, 8 und 11 wirken,und die Torsionslinie eingezeichnet.

Aus der geometrischen Addition aller Verformungen der Ritzelwelle sowie der Verformungen der benachbarten Wellen IV und VI ergeben sich die an den Ritzeln im Bild unten skizzierten Flankenrichtungskorrekturen. Das Ergebnis zeigt, daß lediglich am Ritzel der Stelle 8 eine Korrektur der Flankenrichtung sinnvoll ist. Hingegen ist die erforderliche Korrektur am Ritzel der Stelle 11 so klein, daß die vernachlässigt werden kann.

5.2 Standard-Zylinderradgetriebe

Im Laboratorium für Werkzeugmaschinen und Betriebslehre der

RWTH Aachen wurde ein Prüfstand entwickelt, auf dem Getriebe hinsichtlich des statischen und dynamischen Verhaltens untersucht werden können. Das auf dem Prüfstand installierte Standard-Zylinderradgetriebe mit einer Nennleistung von P_N = 24 kW, einer Nenn-Antriebsdrehzahl von n_N = 1500 min^{-1} und einem Gesamtübersetzungsverhältnis von i = 28 wurde hinsichtlich der erforderlichen Flankenrichtungskorrekturen berechnet. Eine Zeichnung des Getriebes zeigt Abb. 20, in die zusätzlich die bei der Datenerfassung für das Programm NAGET gewählten Rechenpunkte eingetragen sind.

Zur Messung der verformungsbedingten Flankenrichtungsfehler war es erforderlich, die obere Hälfte des geteilten Getriebegehäuses zu entfernen und durch zwei Leisten zu ersetzen, wie aus Abb. 21 ersichtlich ist. Belastet wird das Getriebe durch den an der Antriebswelle angeflanschten Hebel von 1 m Länge, an dessen Ende Gewichte gehängt werden.

Die Abtriebswelle ist mit zwei Laschen blockiert, die mit dem Kupplungsflansch und der Aufspannplatte verschraubt sind.

Zur Messung der Wellenverformungen war es erforderlich, an den Zahnrädern und teilweise auch an den Wellen Meßpunkte anzubringen. Ein solcher Punkt besteht aus einem viereckigen Metallstück, in das eine Stahlkugel eingebettet ist. Die Anordnung dieser mit Metallkleber auf den Wellen befestigten Meßpunkte ist den Abbildungen 23 bis 25 zu entnehmen. In Abb. 22 sind zwei Meßpunkte am Ritzel der Antriebswelle I sowie die beiden Meßuhren zur Messung der Verlagerungen der beiden Punkte zu erkennen. Bei den Messungen der Wellenverformungen ist folgendes zu beachten:

1. Das Getriebe muß während des Messens spielfrei sein. Um dies zu gewährleisten, sind die Wälzlager durch entsprechendes Anziehen der Leisten vorgespannt worden. Außerdem wird das Getriebe mit einer Vorlast von 50 Nm an der

Antriebswelle beaufschlagt, um Lager- und Zahnspiel auszuschließen.

2. Aufgrund der Vorlast und der zusätzlich aufgebrachten Belastung von 90 Nm treten an den Lagern und in den Verzahnungen erhebliche Reibkräfte auf, die die Reproduzierbarkeit der Messungen beeinträchtigen und zu einer Verfälschung der Meßergebnisse führen können. Dem wurde versucht entgegenzuwirken, indem alle Zahneingriffsstellen mit Graphit eingerieben wurden. Während der Messungen wurde bei Aufbringen der Belastung der Belastungshebel mehrere Male impulsartig bewegt um ein Haften in den Lagern und Verzahnungen zu vermeiden.

3. Wegen der begrenzten Platzverhältnisse am Getriebe sind lediglich alle Punkte einer Welle gleichzeitig vermessen worden. Für jede Welle mußte also der Belastungs- und Meßvorgang wiederholt werden.

4. Bei der Auswertung der Meßpunktverlagerungen ist zu berücksichtigen, daß die Verlagerung der Meßpunkte an den Zahnrädern

   - aufgrund rein kinematischer Bewegung, verursacht durch die Nachgiebigkeit der Haltelaschen an der Antriebswelle
   - durch Verdrehung, bedingt durch die Verzahnungssteifigkeiten
   - durch Wellenbiegung einschließlich radialer Wellendeformationen
   - durch Torsion der Wellen

   verursacht werden können. Die Meßpunkte sind daher so gewählt worden, daß eine Separierung der einzelnen Verlagerungsursachen bei der Auswertung der Ergebnisse auf rechnerischem Wege möglich ist.

VERGLEICH VON MESSUNG UND RECHNUNG

In den Abbildungen 23 bis 25 sind die einzelnen Getriebewellen maßstäblich dargestellt. Darüber hinaus sind die Richtungen der Zahnkräfte eingezeichnet, die sich infolge der Belastung am Hebel einstellen:

Vorlastmoment	= 40 Nm
zusätzliches Belastungsmoment	= 90 Nm

Bei wirkendem Vorlastmoment wurden alle Meßuhren auf Null gestellt und nach Aufbringen des Belastungsmomentes abgelesen, wobei die Messungen mehrmals wiederholt wurden.

Bei der Rechnung wurde das Belastungsmoment eingesetzt, damit sowohl Rechnung als auch Messung von einer gemeinsamen Basis ausgehen.

Für die Rechnung kommt erschwerend hinzu, daß für die Wälzlager ungünstige Einbaubedingungen vorliegen, da die Leisten mit ihrer Verschraubung eine gewisse Nachgiebigkeit aufweisen und somit bei der Bestimmung der Lagerungssteifigkeit der Wellen die Nachgiebigkeit der Leisten mit berücksichtigt werden muß. Die Lagerungs-Steifigkeitswerte wurden deswegen durch Messung der Verlagerungen an den Leisten für die Wellen I und III korrigiert und dem Programm eingegeben, während die Lagersteifigkeiten für die Wellen II und IV programmintern ermittelt wurden.

Daß die Lagerumbauteile bei der radialen Verformung der Wellenbaugruppen eine entscheidende Rolle spielen, kommt in den Ergebnissen der Wellenbiegung (einschließlich Lagerverformung) deutlich zum Ausdruck: Alle Wellen, die durch die Zahnkräfte nach oben, also gegen die Leisten gedrückt werden, weisen größere Verformungswerte auf als die Wellen, die nach unten, also in Richtung der stabilen Gehäusehälfte belastet werden.

Beim Vergleich der gemessenen und gerechneten Biegelinien fällt auf, daß die gerechneten Beträge größer als die gemessenen sind. Hierfür kann folgende Begründung gegeben werden:
Zunächst ist aus den Verläufen der Biegelinien ersichtlich, daß die im Programm verwendeten Lagersteifigkeiten nicht den tatsächlichen Werten entsprechen, was durch die ungünstigen Einbaubedingungen erklärt werden kann. Darüber hinaus zeigt sich, daß die gerechneten Biegelinien der Wellen I und III stärker gekrümmt sind als die gemessenen.

- Bei Welle I liegt der Grund hierfür bei den in der Rechnung gewählten Einbaubedingungen. Im Gegensatz zum gewählten Fall hätte an den beiden Lagern der Einspanneffekt berücksichtigt werden sollen, was mit dem Programm zwar möglich ist, jedoch bei der Datenerfassung als unnötig erachtet wurde.

- Bei Welle III wurde bei der Datenerfassung angenommen, daß das Rad keinen versteifenden Einfluß auf die Wellen-Biegesteifigkeit hat, was zu einer größeren Wellenbiegung führt. Des weiteren würde auch in diesem Fall eine bessere Berücksichtigung des Einspanneffektes der beiden Lager zu einer besseren Übereinstimmung zwischen Rechnung und Messung führen.

Für jede Getriebestufe sind in den Abbildungen 23 bis 25 die gemessenen und berechneten, wirksamen Flankenrichtungsfehler, die sich aus der Biegung der Wellen und der Torsion der Ritzel ergeben, eingezeichnet. Die Korrektur muß also entsprechend diesen Beträgen in entgegengesetzter Richtung durchgeführt werden.

Es zeigt sich, daß bezüglich der erforderlichen Korrektur-Richtung Übereinstimmung besteht, vom Betrag her jeoch Abweichungen vorliegen. Hierbei ist jedoch zu bedenken, daß es sich bei den gemessenen Biege- und Torsionsverformungen um Mittelwerte handelt, die einer gewissen Streuung unterliegen. Hinzu kommt, daß durch die Messung im Stillstand des Getriebes Reibungskräfte auftreten, die hinsichtlich Betrag und Richtung nicht erfaßtbar sind und einen weiteren Unsicherheitsfaktor beim Vergleich der Ergebnisse darstellen.

Unter Berücksichtigung dieser Begleitumstände und der Tatsache, daß auch seitens der Dateneingabe noch Verbesserungsmöglichkeiten bestehen, kann hier von einer guten Übereinstimmung zwischen Rechnung und Messung gesprochen werden.

6. ZUSAMMENFASSUNG

In diesem Bericht werden Rechenverfahren und Digitalrechnerprogramme vorgestellt, mit denen die verformungsbedingten Anteile des wirksamen Flankenrichtungsfehlers in Zahnradgetrieben berechnet werden können.

Die verformungsbedingten Fehler entstehen durch die Verformungen von Gehäuse, Lager, Wellen und Radkörper. Aufbauend auf Hinweise, wie diese Verformungsanteile berücksichtigt werden können, wird auf verschiedene Methoden hingewiesen, mit denen die Verformungen von Wellenbaugruppen im Bereich eines Ritzels bestimmt werden können. Es zeigt sich, daß diese Verfahren für die Berechnung mehrstufiger Getriebe unzureichend sind und deshalb die Entwicklung von Digitalrechnerprogrammen zur Berechnung des Elastizitätsverhaltens von Getrieben notwendig ist.

Es werden zwei Programme vorgestellt, von denen das eine für eine räumlich belastete Ritzelwelle Zahnbreitenkorrekturen und Lastverteilungsfaktoren berechnet, während das andere von mehrstufigen Getrieben detaillierte Nachgiebigkeitsschwachstellen erstellt. Dieses Programm wird ausführlich erläutert und die Anwendungsmöglichkeit anhand eines Beispiels demonstriert.

Bei Untersuchungen, die im Rahmen der Erweiterung dieses Programms zur Bestimmung verformungsbedingter Flankenrichtungskorrekturen durchgeführt wurden, ergab sich, daß Lastverteilungen bei der Berechnung dieser Korrektur ab bestimmten Verhältnissen von Verzahnungsbreite und Teilkreisdurchmesser berücksichtigt werden müssen. Parameterstudien ergaben, daß im Hinblick auf die reine Bestimmung der Richtungsabweichung dieser Einfluß durch einen Faktor berücksichtigt und anstatt mit einer Lastverteilung mit einer punktförmig angreifenden Kraft gerechnet werden.

Das vollständig erweiterte Programmsystem wird in seinem Ablauf und Aufbau erläutert und an Beispielen getestet. Die Ergebnisse der Berechnung von Flankenrichtungsfehlern bzw. -korrekturen eines dreistufigen Zylinderradgetriebes werden abschließend durch eine Messung überprüft. Hierbei ergibt sich eine gute Übereinstimmung zwischen Rechen- und Meßergebnis.

7. LITERATURVERZEICHNIS

1. Blodgett, O.W.	Welded Gear Housings Machine Design 35 (1963) 12, S. 142 - 146 Konstruktion 16 (1964) 10, S. 437
2. Börner, H.	Hilfsmittel zur Dimensionierung von Zahnrädern und Getriebewellen Maschinenbautechnik 16 (1967) Heft 4, S. 181 - 194
3. DIN 3960	Begriffe und Bestimmungsgrößen für Zylinderräder
4. DIN 3963	Toleranzen für Zylinderräder
5. DIN 3964	Achsabstands-Abmaße
6. DIN 3990	Tragfähigkeit von Zylinderrädern
7. Döpper, W.	Ein Beitrag zur Berechnung von Maschinenelementen und Gestellbauteilen von Werkzeugmaschinen mit Digitalrechnerprogrammen Dissertation RWTH Aachen, 1968
8. Dudley Winter	Zahnräder Springer-Verlag, Berlin/Göttingen/ Heidelberg, 1961
9. Eschmann, P.	Das Leistungsvermögen der Wälzlager Springer-Verlag, Berlin/Göttingen/ Heidelberg, 1964

10. Feltkamp, K. Untersuchungen über den Einfluß von Fertigungsfehlern und Zahnfußausrundungen auf die Zahnfußbeanspruchung und die Tragfähigkeit gehärteter Stirnräder
Dissertation RWTH Aachen, 1967

11. Fronius, St. Einfluß der Verzahnungsfehler und der Deformation von Welle und Zahnrad auf die Tragfähigkeit und ihre Erfassung in der Berechnung
Maschinenbautechnik 1966, Nr. 15, Heft 9, S. 455 ff

12. Gold, P. Die Berechnung des statischen und dynamischen Verhaltens mehrstufiger Zahnradgetriebe
HGF-Bericht 74/12

13. Günther, D. Untersuchungen an Wälzlagern
Ind.-Anz. Essen, 1963, Nr. 28, S. 507 - 512

14. Heinen, R. Ein Beitrag zur Auslegung von Vorschubgetrieben numerisch gesteuerter Werkzeugmaschinen
Dissertation RWTH Aachen, 1971

15. ISO ISO-Entwurf TC 60/WG 6/N 166 D

16. Jarausch, R.
Mader, H. Berechnung erzwungener gedämpfter Drehschwingungen von Getrieben mit Hilfe elektronischer Rechenmaschinen
Industrie-Anzeiger Nr. 63, 1962, S. 1547 - 1556

17. Maag — Maag-Taschenbuch
Maag-Zahnräder AG, Zürich, 1963

18. Merrit, H. — Gears
Pittmann & Sons, LTD, London,
3rd Edition, S. 371

19. Niemann, G.
Richter, W. — Minderung der Zahnflankentragfähigkeit durch Verzahnungsfehler
Konstruktion 1960, Heft 7, S.
S. 269 - 278

20. Niemann, G.
Richter, W. — Versuchsergebnisse zur Zahnflankentragfähigkeit
VI Abhängigkeit von Tragbild und Sprungüberdeckung
Konstruktion 1960, Nr. 12, Heft 7,
S. 272 - 278

21. Niemann, G. — Maschinenelemente Band II
Springer-Verlag, 1965

22. Niemann, G.
Deister, D. — Einseitiges Breitentragen bei geradverzahnten Stirnrädern
Konstruktion 1966, Nr. 18, Heft 3,
S. 95 - 106

23. Noppen, R. — Berechnung der Elastizitätseigenschaften von Maschinenbauteilen nach der Methode finiter Elemente
Dissertation RWTH Aachen, 1973

24. Palmgren, A. — Grundlagen der Wälztechnik
Franckh'sche Verlagsbuchhandlung
Stuttgart, 2. Aufl. 1954

25. Pestel, E.C. Leckie, F.A. — Matrix Methods in Elastomechanics Mc Graw-Hill Book-Company, INC 1963

26. Przemieniecki, J.S. — Theory of Matrix-Structural Analysis Mc.Graw-Hill Book-Company, INC., New York, 1968

27. Rademacher, J. — Untersuchungen über den Einfluß wirksamer Flankenrichtungsfehler und kreisförmiger Breitenballigkeiten auf die Tragfähigkeit von Stirnradgetrieben Dissertation RWTH Aachen, 1967

28. Rettig, H. — Tragbildfehler bei Zahnrädern Der Maschinenschaden 1964, Nr. 37 Heft 1/2, S. 3 - 13

29. Rivin, E.I. Kotlyarenko, L.B. — Preparatory Procedures for the Dynamic Calculation of Gear Boxes Machines and Tooling, 1963 Vol. XXXIV, Nr. 10, S. 24 - 30

30. Schäfer, W.F. — Ein Beitrag zur Ermittlung des wirksamen Flankenrichtungsfehlers bei Stirnradgetrieben und der Lastverteilung bei Geradverzahnung Dissertation TH Darmstadt, 1971

31. Schmidt, G. — Berechnung der Wälzpressung schrägverzahnter Stirnräder unter Berücksichtigung der Lastverteilung Dissertation TU München, 1973

32. Timmers, J. — Der Einfluß fertigungstechnisch- und lastbedingter Achsversetzungen in Stirnradgetrieben auf die Zahnverformung und das abgestrahlte Geräusch
Dissertation RWTH Aachen, 1965

33. Weber-Banaschek — Formänderung und Profilrücknahme bei gerad- und schrägverzahnten Rädern
Schriftenreihe Antriebstechnik Nr. 11
1955, Friedrich Vieweg u. Sohn, Braunschweig

34. Weck, M. — 7. Aachener VDW-Konstrukteur-Arbeitungstagung 1975
"Anwendung von Digitalrechnerprogrammen zur Berechnung von Maschinenbauteilen nach der Methode finiter Elemente" Band I/II/III
RWTH Aachen, Laboratorium für Werkzeugmaschinen und Betriebslehre

35. Weck, M. — Benutzerhandbuch Programmsystem LAGER
RWTH Aachen, Laboratorium für Werkzeugmaschinen und Betriebslehre

36. Weck, M.
Gold, P. — Programmbeschreibung NAGET
RWTH Aachen, Laboratorium für Werkzeugmaschinen und Betriebslehre

37. Wiche, E. — Radiale Federung von Wälzlagern bei beliebiger Lagerluft
Konstruktion (1967) Heft 5,
S. 184 - 192

38. Winter, H. / Hösel, Th. — Tragfähigkeitsuntersuchungen von Stirn- und Kegelrädern nach DIN 3990
VDI-Z Bd. 111 (1969) Nr. 4, S. 209 - 218

39. Winter, H. / Liebhardt, W. — Berechnung der Zahnflankenkorrekturen mit dem EDV-Programm "Ritzelverformung"
FVA-Forschungsbericht 1975

40. Weyand, M — Hauptspindellagerungen von Werkzeugmaschinen, Reibungs- und Temperaturverhalten der Wälzlager
Dissertation RWTH Aachen, 1969

41. Ziegler, H. — Verzahnungssteifigkeit und Lastverteilung schrägverzahnter Stirnräder
Dissertation RWTH Aachen, 1971

42. AGMA-Standards

8. ABBILDUNGEN

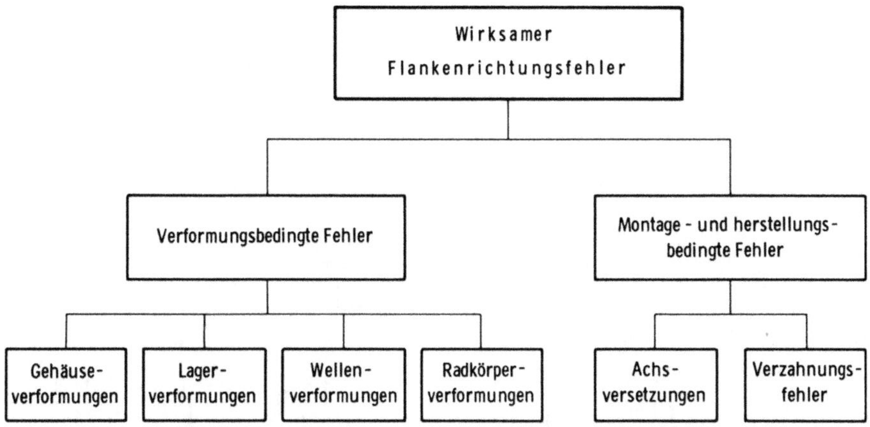

Abb. 1 Ursachen wirksamer Flankenrichtungsfehler

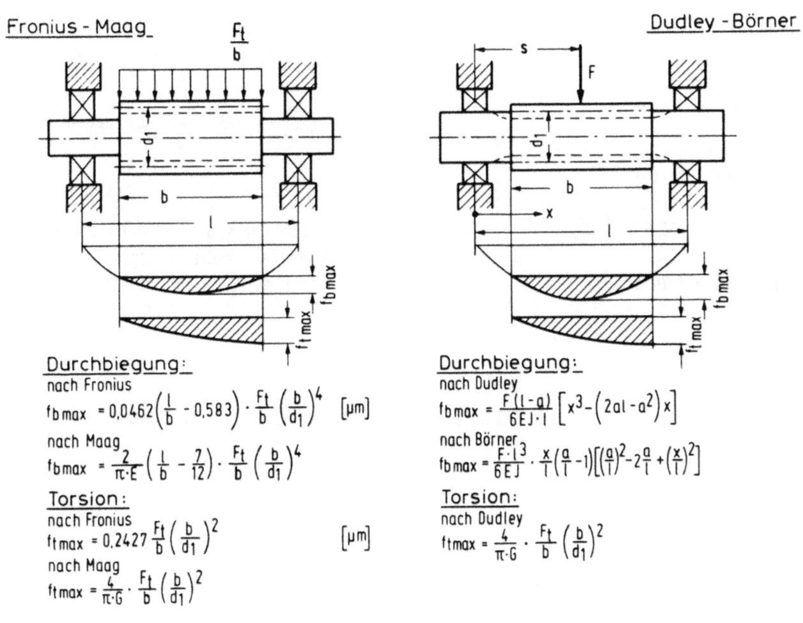

Abb. 2 Gleichungen zur Verformungsberechnung von Ritzelwellen

$$F_{\beta y} = \left| f_{sh} + f_{ma} + f_{be} \right| - y_{\beta}$$

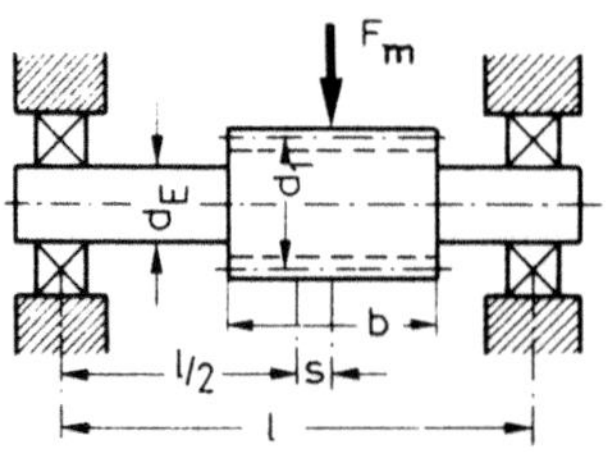

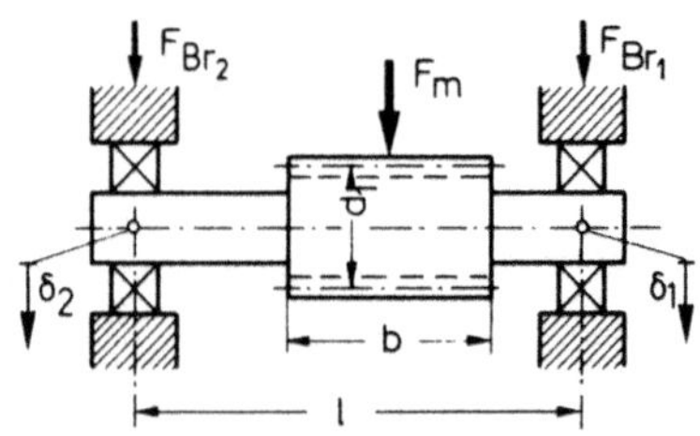

$$f_{sh} = \frac{F_m}{b} \cdot f_{sh_0}$$

$$f_{sh_0} = \left(\underset{\{36\}}{31} \cdot \gamma + \underset{\{13\}}{5} \right) 10^{-3} \left[\frac{\mu \cdot mm}{N} \right]$$

$$\gamma = \left| 1 + K \cdot \frac{l \cdot s}{d_1^2} \right| \left(\frac{b}{d_1} \right)^2$$

nach ISO, TC 60/WG 6/1977

$$f_{be} = \frac{b}{l} \left(\delta_1 \overset{(+)}{-} \delta_2 \right)_i \; ; \quad \delta = \delta_0 + \frac{\Delta r}{1{,}6}$$

$$\delta_0 = 1{,}26 \frac{F_{Br}^{2/3}}{(n \cdot m)^{2/3} \cdot d_B^{1/3}} \, [\mu m] \text{ (Kugellager)}$$

$$\delta_0 = 0{,}3273 \frac{F_{Br}^{0{,}9}}{(n \cdot m)^{0{,}9} \cdot l_A^{0{,}8}} \, [\mu m] \text{ (Rollenlager)}$$

n.... Anzahl der Kugeln (Rollen) je Reihe

m.... Anzahl der Reihen je Lager

d_B... Kugel-ϕ ; l_A... eff. Rollenlänge

Abb. 3 Bestimmung von Flankenrichtungsfehlern nach ISO

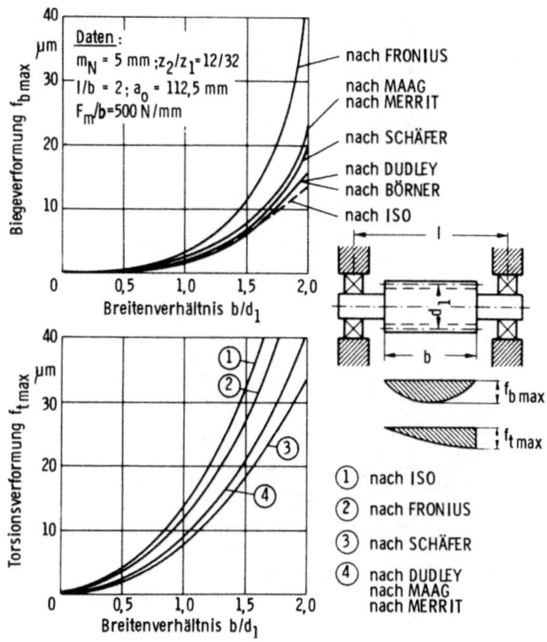

Abb. 4 Biege- und Torsionsverformungen einer Ritzelwelle

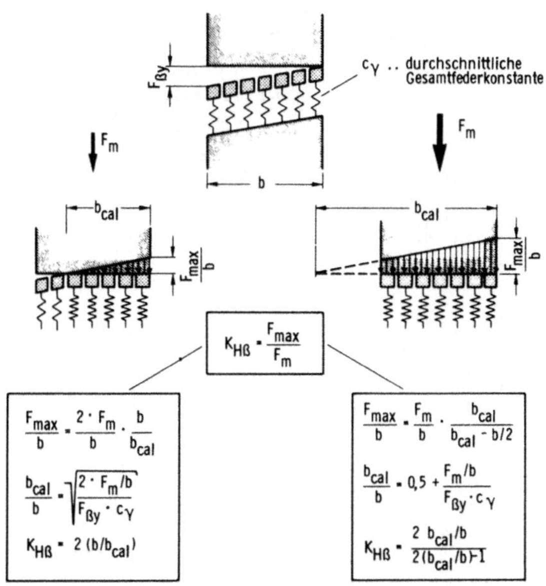

nach: ISO, TC 60/WG 6/1977

Abb. 5 Breitenlastverteilungsfaktor nach ISO

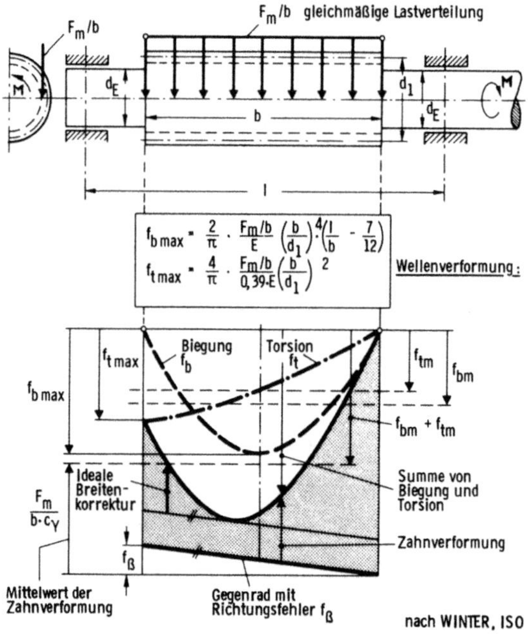

Abb. 6 Ermittlung der Zahnbreiten-Korrektur einer Ritzelwelle

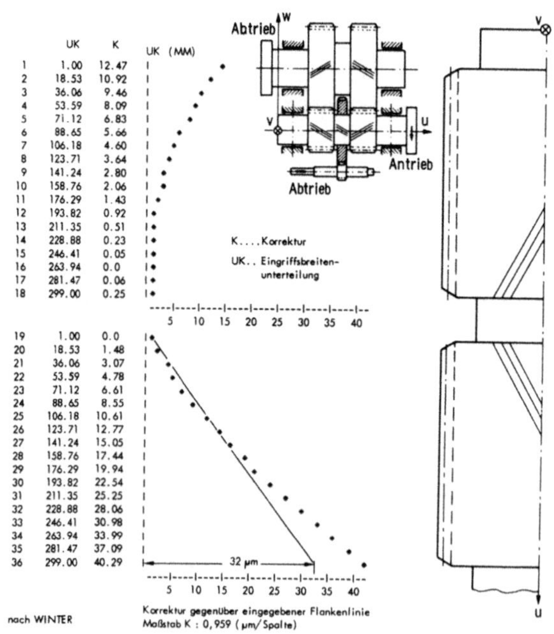

	UK	K
1	1.00	12.47
2	18.53	10.92
3	36.06	9.46
4	53.59	8.09
5	71.12	6.83
6	88.65	5.66
7	106.18	4.60
8	123.71	3.64
9	141.24	2.80
10	158.76	2.06
11	176.29	1.43
12	193.82	0.92
13	211.35	0.51
14	228.88	0.23
15	246.41	0.05
16	263.94	0.0
17	281.47	0.06
18	299.00	0.25
19	1.00	0.0
20	18.53	1.48
21	36.06	3.07
22	53.59	4.78
23	71.12	6.61
24	88.65	8.55
25	106.18	10.61
26	123.71	12.77
27	141.24	15.05
28	158.76	17.44
29	176.29	19.94
30	193.82	22.54
31	211.35	25.25
32	228.88	28.06
33	246.41	30.98
34	263.94	33.99
35	281.47	37.09
36	299.00	40.29

Abb. 7 Bestimmung von Ritzelkorrekturen

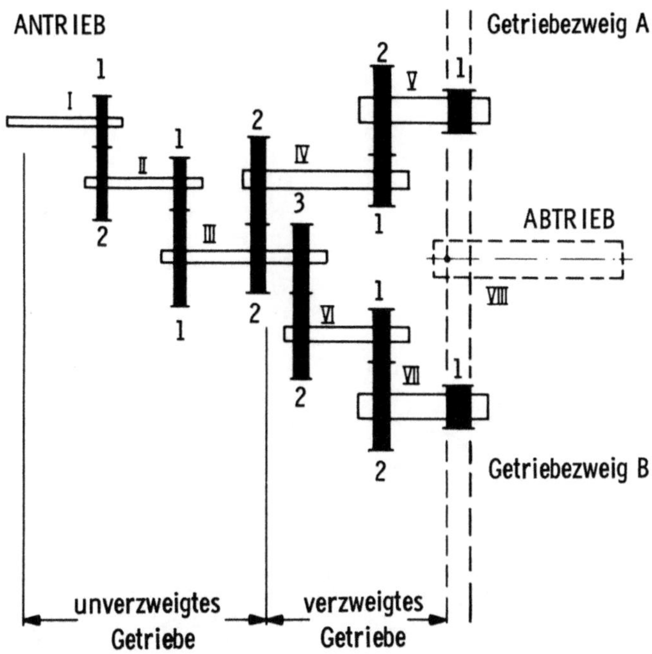

Abb. 8 Zulässige Anordnung von Getriebewellen für die Berechnung mit Programm NAGET

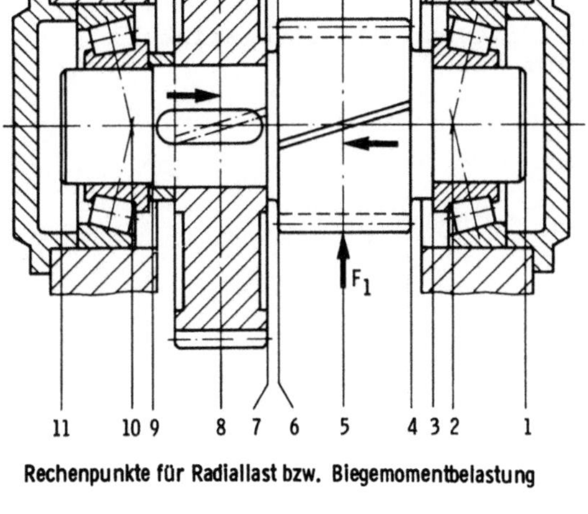

Abb. 9
Rechenpunkte einer Wellenbaugruppe für Programm NAGET

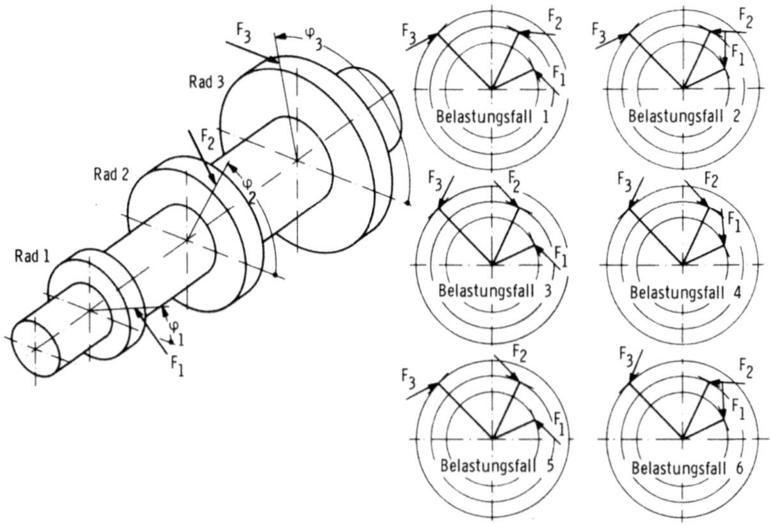

Abb. 10 Belastungsfälle und Belastungswinkel für Programm NAGET

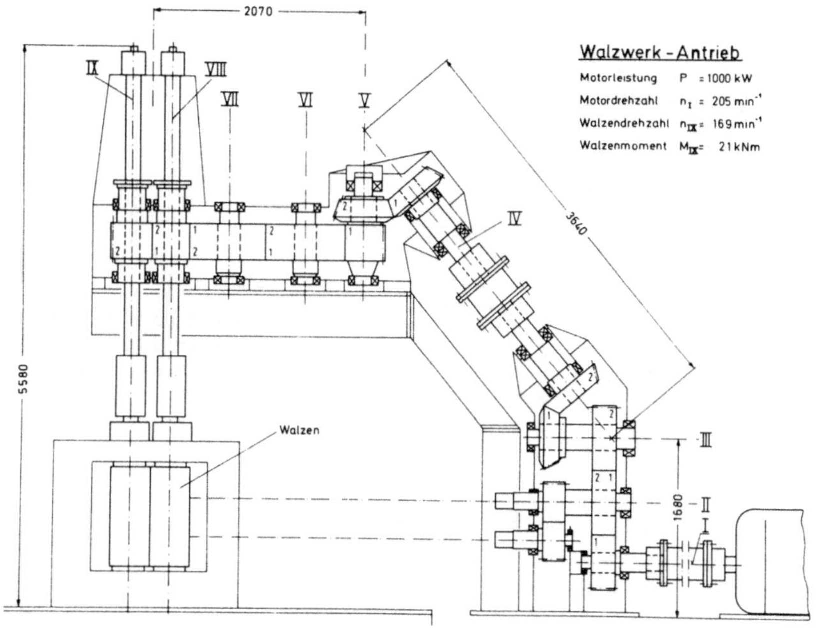

Abb. 11 Walzwerkgetriebe

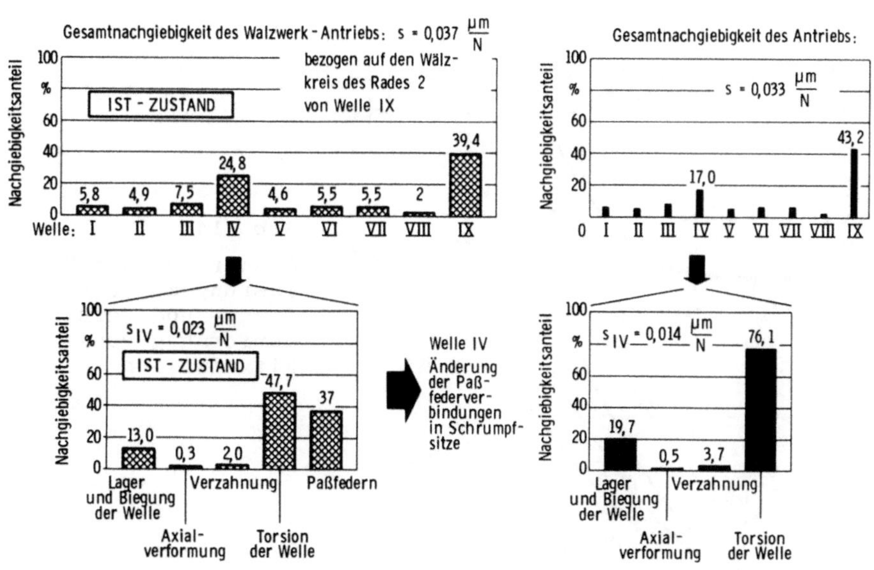

Abb. 12 Nachgiebigkeits-Schwachstellenanalyse des Walzwerkgetriebes

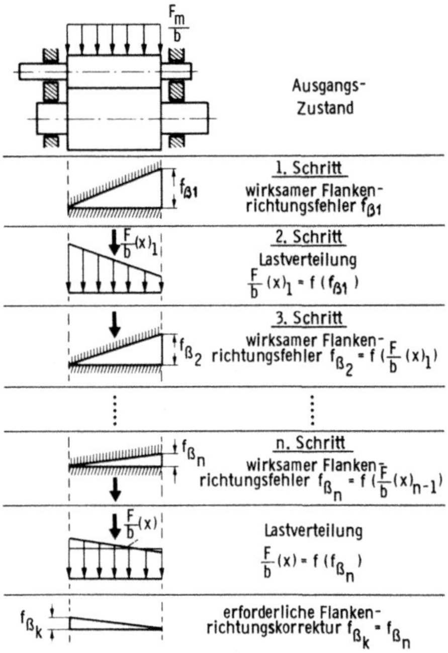

Abb. 13

Iteration bei der Bestimmung wirksamer Flankenrichtungsfehler

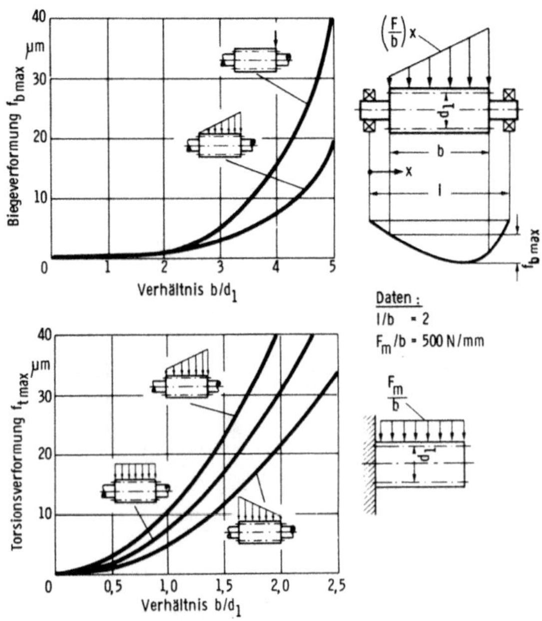

Abb. 14

Auswirkung der Belastung auf die Biege- und Torsionsverformung von Ritzelwellen

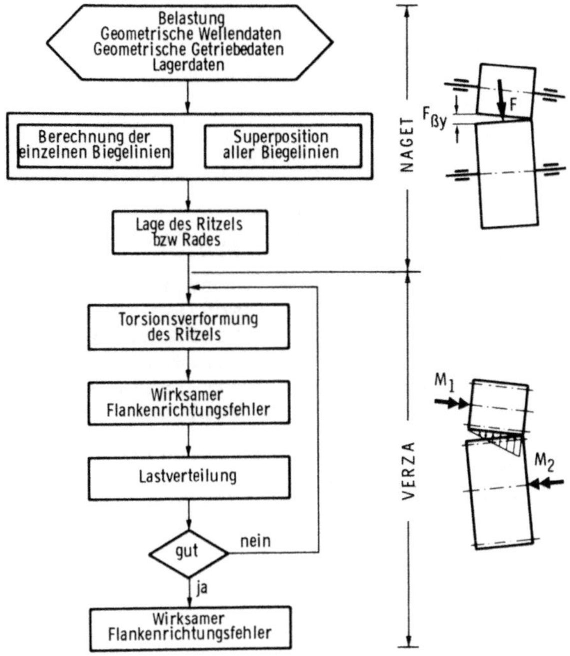

Abb. 15

Programme zur Bestimmung wirksamer Flankenrichtungsfehler

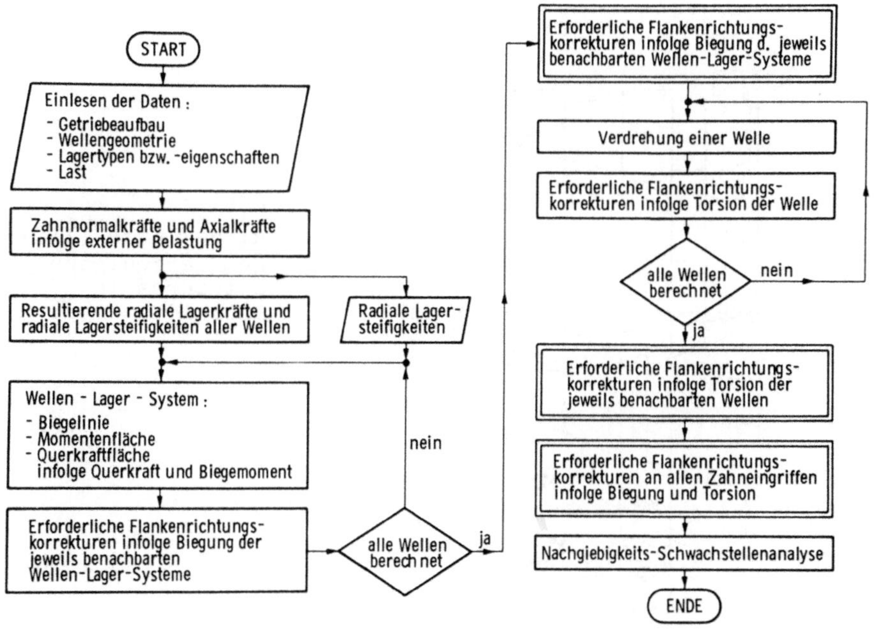

Abb. 16 Ablaufdiagramm bei der Bestimmung erforderlicher Flankenrichtungskorrekturen

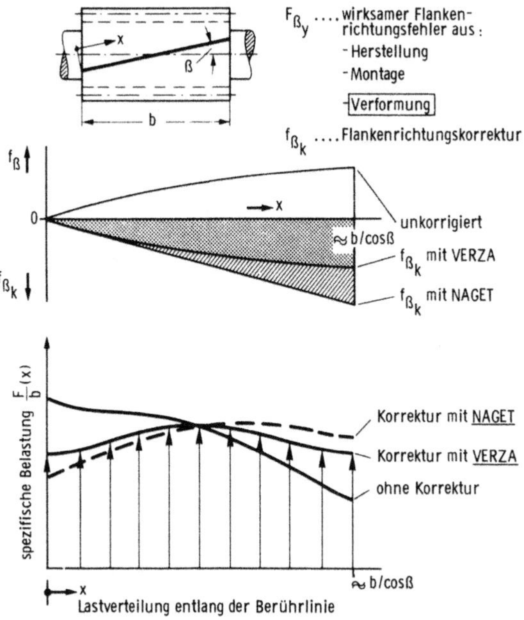

Abb. 17

Auswirkung verschiedener Flankenrichtungskorrekturen auf die Lastverteilung

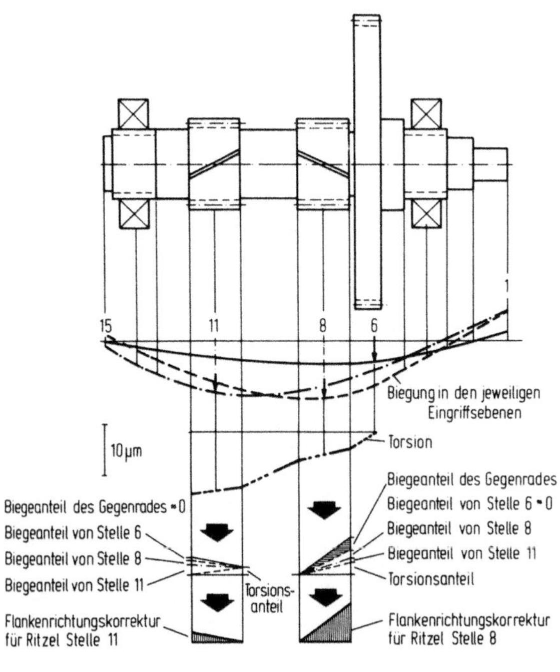

Abb. 18

Ritzelwelle (III) des verzweigten Getriebes in Abb. 19

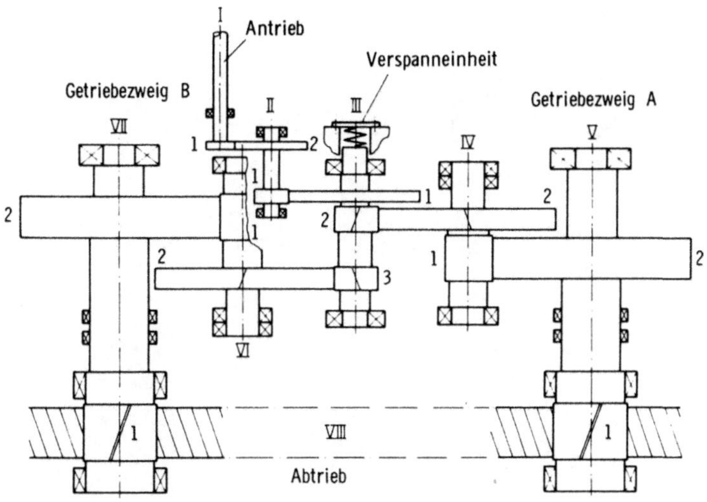

Abb. 19 Verzweigtes Getriebe mit Verspanneinheit und Zahnstange als Abtrieb

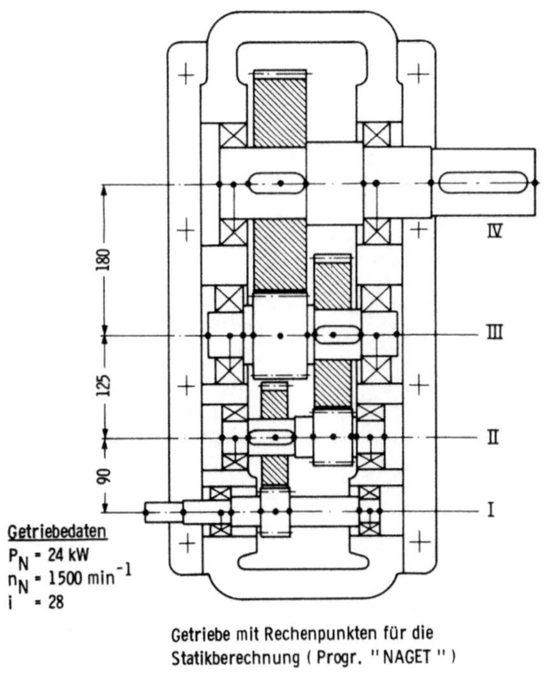

Abb. 20

Standard-Zylinderradgetriebe mit eingetragenen Rechenpunkten (s. auch Abb. 21)

Abb. 21 Standard-Zylinderradgetriebe, Messung der Getriebeverformungen

Abb. 22

Meßpunkte an der Antriebsritzelwelle des oben abgebildeten Getriebes

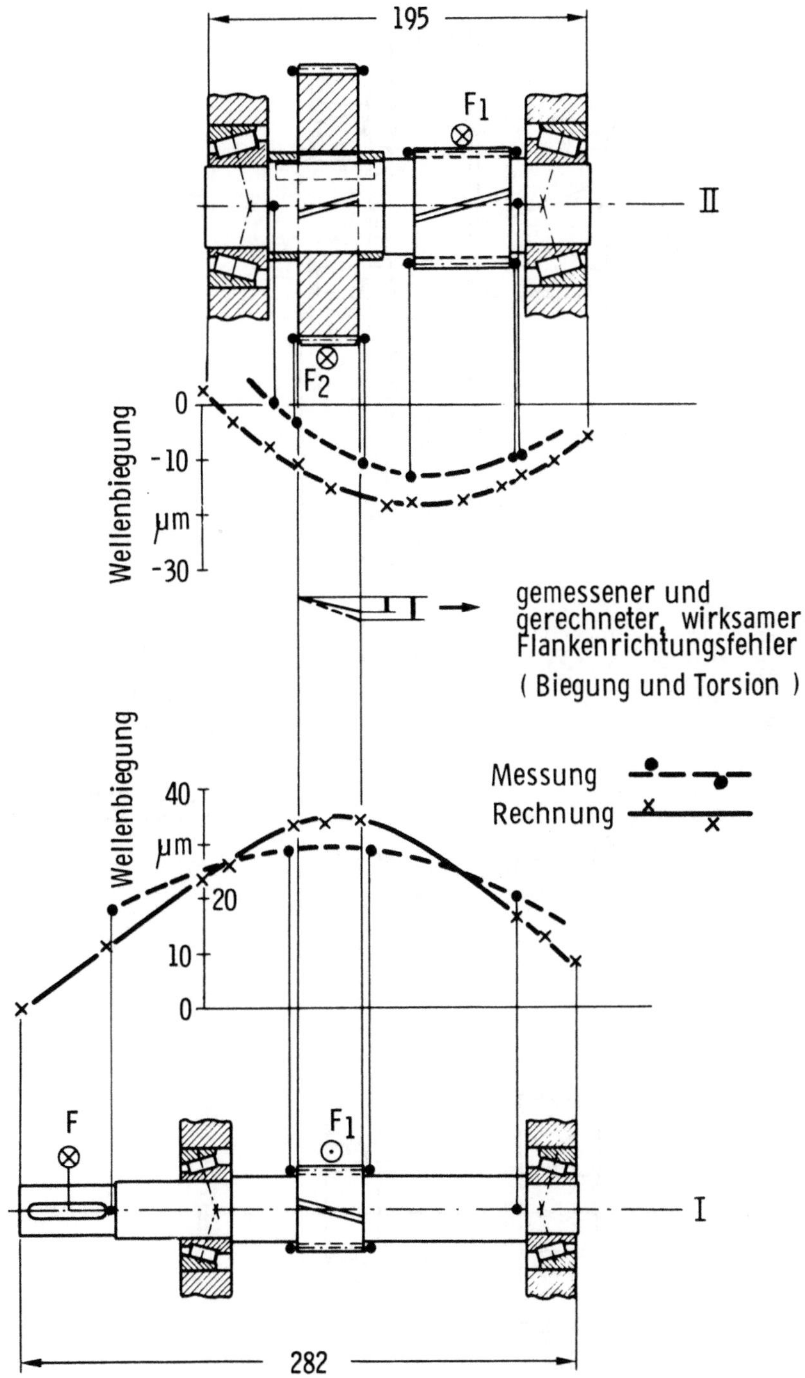

Abb. 23 Verformungen der 1. Getriebestufe (Getriebe Abb. 20)

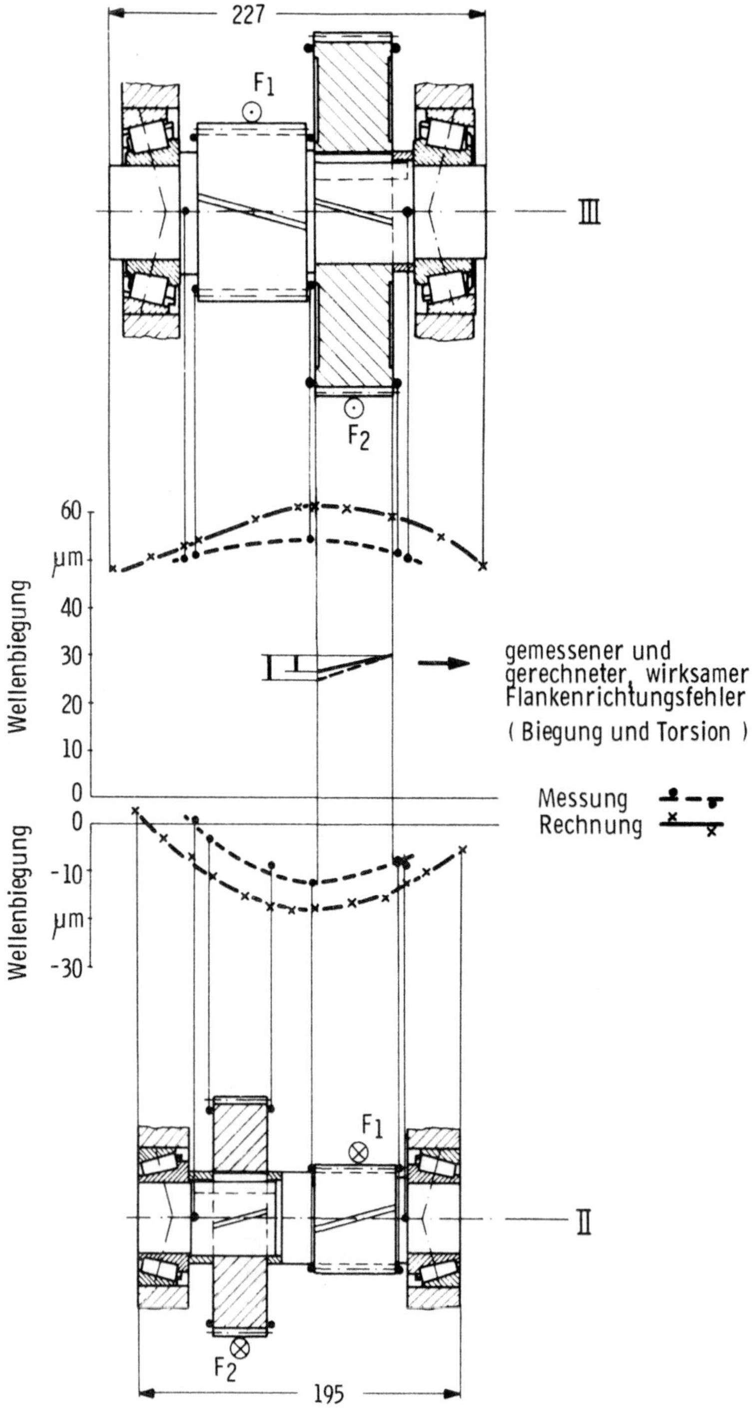

Abb. 24 Verformungen der 2. Getriebestufe (Getriebe Abb. 20)

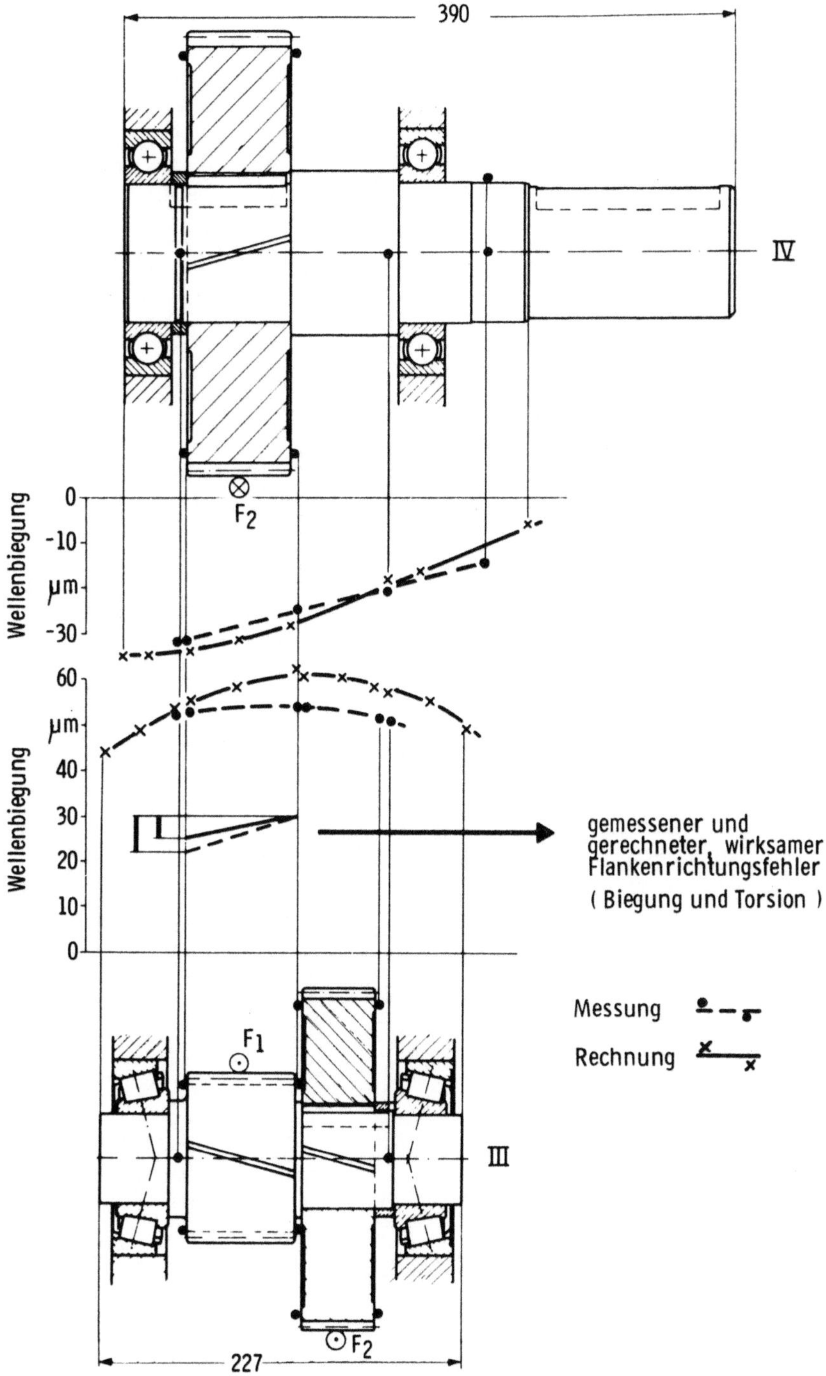

Abb. 25 Verformungen der 3. Getriebestufe (Getriebe Abb. 20)

FORSCHUNGSBERICHTE
des Landes Nordrhein-Westfalen

Herausgegeben
im Auftrage des Ministerpräsidenten Heinz Kühn
vom Minister für Wissenschaft und Forschung Johannes Rau

Die „Forschungsberichte des Landes Nordrhein-Westfalen" sind in zwölf Fachgruppen gegliedert:

Geisteswissenschaften
Wirtschafts- und Sozialwissenschaften
Mathematik / Informatik
Physik / Chemie / Biologie
Medizin
Umwelt / Verkehr
Bau / Steine / Erden
Bergbau / Energie
Elektrotechnik / Optik
Maschinenbau / Verfahrenstechnik
Hüttenwesen / Werkstoffkunde
Textilforschung

Die Neuerscheinungen in einer Fachgruppe können im Abonnement zum ermäßigten Serienpreis bezogen werden. Sie verpflichten sich durch das Abonnement einer Fachgruppe nicht zur Abnahme einer bestimmten Anzahl Neuerscheinungen, da Sie jeweils unter Einhaltung einer Frist von 4 Wochen kündigen können.

WESTDEUTSCHER VERLAG
5090 Leverkusen 3 · Postfach 300620

Batch number: 10584556

Printed by Printforce, the Netherlands